爷爷的财富寓言

Grandpa's Fortune Fables

[英] 威尔·雷尼 著　韩雪 译

CMS
PUBLISHING & MEDIA

湖南少年儿童出版社
HUNAN JUVENILE & CHILDREN'S PUBLISHING HOUSE

小博集
BOOKY KIDS

· 长沙 ·

著作权合同登记号：图字 18-2023-086

图书在版编目（CIP）数据

爷爷的财富寓言 /（英）威尔·雷尼著；韩雪译
. -- 长沙：湖南少年儿童出版社，2023.7
ISBN 978-7-5562-7064-4

Ⅰ. ①爷⋯ Ⅱ. ①威⋯ ②韩⋯ Ⅲ. ①经济学－少儿读物 Ⅳ. ① F0-49

中国国家版本馆 CIP 数据核字（2023）第 086774 号

YEYE DE CAIFU YUYAN

爷爷的财富寓言

［英］威尔·雷尼 著　　韩 . 雪 译

责任编辑：张 新 李 炜　　　　　　策划出品：李 炜 张苗苗
策划编辑：蔡文婷　　　　　　　　　特约编辑：董 月 张晓璐
营销编辑：付 佳 杨 朔 周 然　　　版权支持：王媛媛
版式排版：金锋工作室　　　　　　　封面设计：主语设计

出 版 人：刘星保
出　　版：湖南少年儿童出版社
地　　址：湖南省长沙市晚报大道 89 号
邮　　编：410016　　　　　　　　电　　话：0731-82196320
常年法律顾问：湖南崇民律师事务所　柳成柱律师
经　　销：新华书店
开　　本：875 mm × 1270 mm 1/32　印　　刷：天津联城印刷有限公司
字　　数：80 千字　　　　　　　　印　　张：5
版　　次：2023 年 7 月第 1 版　　　印　　次：2023 年 7 月第 1 次印刷
书　　号：ISBN 978-7-5562-7064-4　定　　价：35.00 元

若有质量问题，请致电质量监督电话：010-59096394　团购电话：010-59320018

只要把金钱想象成种子

你就能创造财富

你 只 需 要 遵 守

三 大 法 则

1 每得到 10 颗种子就存下 1 颗

2 种下你储存的种子

3 让你的树慢慢生长

杰 克 爷 爷

谨以此书献给：

　　我的孩子伊莫金和弗洛伦丝，是她们给了我创作这些故事的灵感。

　　我的父母，他们让我知道了省钱的好处。

　　我的妻子阿斯特丽德，是她支持、鼓励我创作此书、开设课程及创建网站（bluetreesavings.com）。

目 录
Contents

第五部分
帮助他人

爷爷的 神秘代码

你能破译爷爷的神秘代码吗？

快来阅读本书，发现财富秘诀吧！每章的结尾都有一个需要你解答的问题。

选出正确的答案，并将代表正确答案的字母填在下面的相应位置。快来破译代码吧！

请将第一章中代表正确答案的字母填在此处

———— ———— ————

2 7 13 5　　11 1 3 9　　6 10 12 4 8

章节编号

想要看看自己是否成功破译代码、赢得奖励，就快去访问网站：www.fortune-club.co.uk。

或者翻到本书第 152 页寻找神秘代码吧！

Part1

第 一 部 分 **变富有**

人人都可以变富有

第一章

小霸王！

FORTUNE

人人都可以变富有

"**你在对我的花做什么？**"盖尔大声喊道，她边喊边朝花丛跑去，一个男孩正在猛踢那些花。

"你觉得我在做什么?！滚开，**书呆子**!"那个男孩嚷道，他穿着一件旧皮夹克。

男孩转过身看她时，她立刻认出了他。他是鲍里斯·达克沃思。

鲍里斯尽管才13岁，却已经是村里臭名远扬的小霸王。他在学校会随便欺负别人，而他这么做仅仅是因为觉得好玩。如果你认为这不好玩，那你就是下一个被选中的对象。

盖尔很幸运，虽然与鲍里斯同岁，但她却去了村里

的另一所学校。

竟然叫她**书呆子**，盖尔正想对鲍里斯发起反击，却想起了爷爷曾经对她说过的话："恶霸欺负别人是因为自己也深受其害。他们生活得不幸福，也见不得别人幸福。"

大家都知道，鲍里斯的父母对他很刻薄。有一次，

---

① 盖尔 T 恤衫上英文的意思是"小小一粒种，也能成森林"。

鲍里斯的头发上粘了一小块口香糖，下一秒钟，他的妈妈就大吵大嚷地把他拖到理发店，给他剃了个大光头。

盖尔心想，与其对鲍里斯大喊大叫，还不如换一种方法。"……请继续踢吧。**事实上**，你帮了我一个大忙！反正我也得把花瓣摘下来才能赚钱！"

鲍里斯不知道该说什么，也不知道该怎么做。他想继续踢那些花，但又不想乖乖听话。

"你撒谎！" 鲍里斯突然叫道，"这些花已经被我弄死了，你没法用它们赚钱。"

"那就请继续吧。我已经说过了，你实际上是在帮我的忙。"盖尔一边说一边得意地笑。

就在这时，鲍里斯认出了她。

"我知道你是谁。你就是那个有钱的女孩，你的爷爷奶奶也超级有钱！"鲍里斯喊道。

单凭外表可看不出盖尔很有钱。她是个"怪胎""闷葫芦""书呆子"，就是那种只想学习新知识却从不在意"耍酷"的人。她与自己那些"怪胎"朋友不一样，能当个"书呆子"让她感到自豪。可奇怪的是，这却让她看起来很酷。她平时会穿一件 T 恤衫，上面印着土气的格言："**小小一粒种，也能成森林！**"

"你就是运气好，有人给你那么多钱，你想干什么都行。"鲍里斯一边说，一边踢向另一簇花。

"已经有好多年都没人给我钱了，钱是我自己赚的，自己'种'的。"盖尔答道。

"**你没法种钱！**难道你的父母没告诉过你，树上长不出钱？"鲍里斯反驳道。

"我爷爷告诉我，钱不能从树上长出来，却可以像树一样生长。"盖尔回击道。

盖尔想告诉鲍里斯爷爷给她讲的财富秘诀，但鲍里斯踢了她的花，还那样粗鲁地对待她，她还在气头上，况且她一贯讨厌这些小霸王。可一想到鲍里斯的父母那样对待他，她就又想帮助他。

盖尔冷静下来，说道："我们做个交易吧。如果你把刚刚踢落的花瓣都捡起来，放在这个袋子里，我就跟你分享爷爷教给我的财富秘诀。要知道，这些秘诀没准以后会让你变成大富豪！"

鲍里斯对捡花瓣一点都不感兴趣。但一想到能知道财富秘诀，他就变得无比兴奋。他向周围看了看，确保附近没有其他孩子。"好吧——这只是因为我想变**有钱**。最好别跟我要什么花招！"鲍里斯说。

盖尔看到这个人人惧怕的男孩正在捡花瓣，忍不住暗自发笑。她打算用这些花瓣来赚钱。

他们捡花瓣时，盖尔说，暑假她一般会住在爷爷奶奶家。爷爷最喜欢给她讲自己在普卡普卡岛冒险时，如何发现财富秘诀的奇妙故事。这些秘诀让爷爷成了这个国家最富有的人之一。

事实上，盖尔的学校——**菲茨杰拉德中学**，就是以她爷爷的名字命名的，她的爷爷和奶奶为当地的慈善事业捐了很多钱。

"你真幸运，从来没有人教过我关于钱的事。"鲍里斯说。他一边把花瓣塞进袋子里，一边唉声叹气："我的爸爸妈妈都在工作，但他们看起来从来就没有钱。我能听到他们谈起钱的时候，就是他们吵架的时候。每当我向他们要钱时，他们就会吼道：'**我们凭什么要把自己的钱给你？**'"

盖尔对鲍里斯说："也许像大多数人一样，从没有人教过你父母关于钱的事。这可能就是他们为钱吵架的原因。我很乐意把爷爷教给我的都告诉你。要知道，我爷爷小的时候，家里也没钱。"

"你在开玩笑吧?！你爷爷竟然出生在一个没有钱的

家庭？我不可能变得像你爷爷一样**有钱**。"鲍里斯说。

"我们去汉堡屋喝杯东西吧。到那儿，我会告诉你，我爷爷是怎样发现财富秘诀的。那时你就会知道，如果你能遵守爷爷的**财富三大法则**，你就能变得跟他一样富有。"

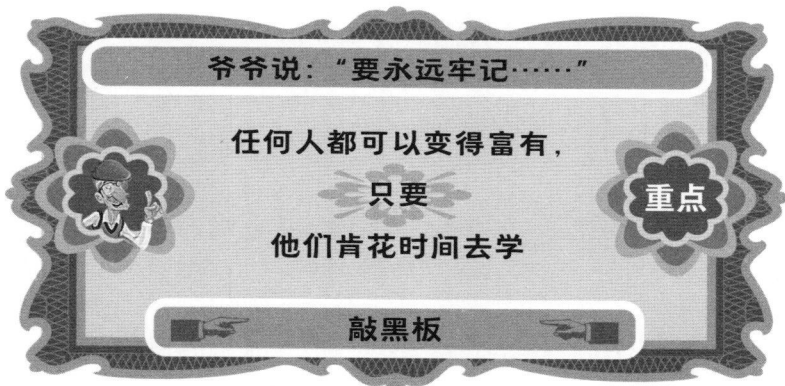

爷爷说："要永远牢记……"

任何人都可以变得富有，

只要

他们肯花时间去学

重点

敲黑板

跟你的父母、同学和朋友讨论一下吧。

（可以在现实中，也可以在想象中讨论哟）

鲍里斯是个小霸王，可为什么盖尔却对他如此友好呢？说说你的看法吧。

爷爷的
神秘代码 (1)

回答下面的问题，将正确选项的字母填在第一页的相应位置，来破译代码吧。

如果鲍里斯想变富有，那么他需要学习（　　）。

口. 财富三大法则

E. 一星期有 7 天

A. 5 种最佳的花钱方式

第二章

爷爷的黄金

FORTUNE

暴富

鲍里斯和盖尔来到了汉堡屋，盖尔点了她最爱的草莓奶昔，上面还加了一层鲜奶油。

"鲍里斯，你想喝点什么？我请客。"盖尔说。

"你竟然要请我喝东西?！为什么？我刚刚弄死了你的花。"鲍里斯说。还从来没有人请他喝过东西呢。

"你还记得吗？我要用这些花瓣赚钱，所以，这就当作你帮我把花瓣收集起来的酬谢吧。"盖尔回答。

鲍里斯没有再追问，他点了一杯巧克力奶昔。

他们拿到奶昔后，盖尔就开始对鲍里斯讲述，她爷爷如何在**普卡普卡岛**探险中学到财富秘诀，并变得极其富有。

爷爷的掘金故事

爷爷杰克小的时候，家里穷得很，他和三个哥哥挤在一间小卧室里。他们每天都有一场"恶斗"，他和哥哥们从来就没法和睦相处，他年纪最小，他们都欺负他。

16 岁时，爷爷辍学了，和爸爸、哥哥们在一家报纸印刷厂里工作。他需要将刚刚印好的报纸收起来，将它们放在运往各处的卡车上。每天的生活都一成不变，**简直太无聊了**。那时，他只有 16 岁，他觉得自己探索世界的梦想永远不会成真了。

然而，就在刚刚过完 17 岁生日后不久，他看到一份报纸的头条上写着：

每日新闻

1971 年 10 月 5 日 星期六 全球最畅销的报纸　第 27 期 20 美分版

普卡普卡岛发现黄金！

爷爷认为这是他改变未来，见识世界的大好机会。

"我要去普卡普卡岛寻找黄金，**我要发财了!!!**"
爷爷大声喊道，惊得咖啡馆里的 3 个人把自己的咖啡都
弄洒了。

他给父母留了一张字条，告诉他们他要去普卡普卡
岛，还会赚很多钱回来！

可最大的问题是他连路费都凑不齐。幸好，他想起
了他的路易斯叔叔，一个渔民。

路易斯叔叔同意载他去岛上，但唯一的坏处就是他
不得不连续 3 天听叔叔讲那些糟糕的笑话。

只要能去普卡普卡岛，爷爷愿意做任何事。爷爷把
行囊往船上一抛，他们就扬帆起航了。

船刚一驶离码头，叔叔就滔滔不绝地讲起了笑话。

"26 个英文字母，我只认识 25 个……因为我不认
识'Y'。"①

"地震时，你会管奶牛叫什么？……奶昔！"②

"女巫的交通工具会发出什么噪声？……噗——

---

① 单词"why"和字母"Y"发音相同，即在英文中"我不知道为
什么（why）"与"我不认识字母'Y'"发音相同。
②"奶昔"的英文拼写为"milkshake"，由"milk（奶）"和
"shake（震动）"两部分组成。

噗——"①

随着他们越走越远，路易斯叔叔的笑话也变得越来越糟糕。

在不必为叔叔的笑话假笑的空当儿，爷爷就会浮想联翩，想他在岛上发现金子后，要去探索的所有地方。

他们终于到了普卡普卡岛，同时到达的还有一艘大船，大船上看起来有几百名旅客。他们都怀揣着淘金梦来到这里。他们刚一下船，就有一个名叫萨姆的帅小伙扯着大嗓门跟他们打招呼。

萨姆用他那洪亮的嗓音大声喊道："**欢迎大家！**谁想变得超乎想象地富有？"

所有人都举起手臂高呼：

"我！""我！""我！"

远处郁郁葱葱的山上有一幢气派的大房子，萨姆指着房子说："你们看到山上的那幢大房子了吧？你们要是能发现黄金，明天就能拥有一幢那样的房子。"萨姆继续说道："现在就去我的店里买一把铁铲，赶快去寻

---

① 女巫的交通工具是扫帚，英文为"broom"，将其拉长为"Brrrooooomm"，发音近似中文拟声词"噗"。

这里遍地黄金！

找属于你的黄金吧！"

所有旅客都迫不及待地想开始挖金子，他们冲到商店，用身上仅有的那点钱买了铁铲。

爷爷拿到铲子，跑到了没有其他旅客的小山上。他想确保如果发现了金子，这些金子都是他一个人的。

他开始**挖啊挖，挖啊挖，挖啊挖**，可连金子的影儿都没看到。明天肯定会好起来的。

可不幸的是，明天，后天，大后天，大大后天……爷爷都没有找到金子。

爷爷很快就没有东西吃了。**"我实在太饿了。"** 爷爷自言自语。他抬起头，看到了山上的大房子，说道："总有一天我会找到金子，并且拥有一幢那样气派的房子！"他不停地挖，可还是一无所获。

爷爷开始四处寻找食物，他筋疲力尽，感到无比孤独。他甚至开始怀念叔叔那些糟糕的笑话。

他刚要坐下休息，就看到远处一间小农舍里发出一点光亮。他用尽最后的力气朝农舍跑了过去。

咚！咚！咚！

一个年纪很大但精神矍铄的老人打开了门。"你好！需要帮忙吗？"他看到爷爷又累又饿，没等爷爷回答，便说：**"快进来！快进来！我给你拿点吃的。"**

爷爷笑着走进屋子。这个老人的屋子里摆满了一盆盆的水果和蔬菜。他正在炖一道菜，闻起来香极了。

"你一定很幸运，找到了金子。"爷爷大声说。

"很不幸，我并没有找到金子。从始至终，只有一个人在这个岛上找到过金子，他就是'**阔浣熊**'。"

爷爷惊得目瞪口呆："你说什么？有人告诉我们，岛上有数不清的金子，那幢大房子的主人就是在这座岛上发现了金子。"

"他们就是想让你有这样的想法！那幢房子是铁铲萨姆的，"老人说，"他根本没有发现金子。他得知**阔浣熊**找到了金子，就开始向世界各地的报纸宣传普卡普卡岛遍地黄金。成千上万的人来到这里寻找黄金，梦想一夜暴富，每个人都从萨姆那里买了一把铲子。于是现在，铁铲萨姆成了岛上最有钱的人。"

爷爷为自己感到难过。他渴望一夜暴富，这让他像很多人一样，轻易上了萨姆的当。

什 么 是 骗 局 ？

盖尔告诉鲍里斯，许多人都想**暴富**，因而很容易上当受骗，就像爷爷上了萨姆的当一样，或者说被萨姆"诈骗"了。

"现在爷爷总是提醒我：'如果有人说能让你一夜暴富，那他很有可能是在欺骗你，让自己从中获利！'"盖尔说。

像许多上当受骗的人一样，盖尔的爷爷也不愿相信这是一场骗局，他下定决心要找到黄金。他对自己说："如果**阔浣熊**能在岛上找到金子，那我也可以。我绝不会放弃。我会找到金子，变成有钱人。"

爷爷最后没有找到金子，但他有坚定的决心，这种决心让他发现了财富秘诀，变得极其富有。

爷爷说："要永远牢记……"

如果有些事听起来

好到离谱，

那它们可能就是骗局

重点

☞ 敲黑板 ☜

跟你的父母、同学、朋友以及……

一条金鱼，讨论一下吧。

为什么铁铲萨姆轻而易举就能使那么多人上当受骗呢？谈谈你的看法吧。

爷爷的
神秘代码 (2)

回答下面的问题，将正确选项的字母填在第一页的相应位置，来破译代码吧。

下面哪个词的意思是"被骗取钱财"？（　　）

T. 铲除

S. 诈骗

R. 出丑

第三章
阔浣熊

有钱和富有

此刻，鲍里斯迫不及待地想知道，盖尔的爷爷究竟是怎样赚到这么多钱的。

"让我来猜一下，你爷爷也像萨姆一样，开始卖铁铲，然后就变得超级有钱！"鲍里斯说道。他说这话时，一半是开玩笑，一半又担心自己猜中了。

"才不是呢！爷爷绝不会那么做。他为人诚实，喜欢帮助别人，才不会欺骗他们。让我给你讲一讲，爷爷受骗后发生了什么吧。"

"阔浣熊" 和 "富袋鼠"

自爷爷踏上普卡普卡岛寻找黄金以来，已经过去两个月了。他**挖遍了**岛上的每一个角落，可还是一无所获。

爷爷在岛上四处寻找黄金时，只能靠树上的果子来填饱肚子。有时候，他花在找果子上的时间比挖金子的时间还要多。他找到一棵果树，然后做出了有生以来最明智的决定，这个决定最终彻底改变了他的生活。

爷爷没有把果子全都吃掉，而是留出一部分，把它们切开，取出种子，并将种子种在土里。他想要在岛上拥有一块随时都能找到果子的地方，那么最好的方法就是自己种一块地。

他每找到 10 个果子，就将其中的 1 个留下来，取出种子，将种子种在其他果树旁边。

他种下种子后，继续寻找黄金。日子真的太难熬了。他饿得头晕眼花，只想吃掉所有的果子，但爷爷并没有这样做。**他还是坚持每找到 10 个，就留下 1 个。**

爷爷每天都要辛苦地挖金子，而食物却只有几个果子，他开始消沉沮丧。然而，令日子更加难熬的是，他有一天撞见了**阔浣熊**。这当然不是他的真名，因为他挖金子时就像浣熊挖洞，又是岛上唯一一个因找到金子而暴富的人，所以人们才这样称呼他。

阔浣熊并不是个和善的人。他总是穿着新衣服，戴着黑色的太阳镜，可太阳镜总是被他弄丢。他最喜欢向遇到的每一个人吹嘘自己吃过的美味大餐。

"嘿，**瘦袋鼠**（这是阔浣熊给爷爷起的绰号，因为爷爷很瘦，又在岛上蹿来蹿去无望地寻找黄金），找到金子了吗？我打赌，你肯定没找到。**哈哈哈哈哈哈哈哈哈哈哈哈哈哈哈哈哈哈哈哈**……"阔浣熊从爷爷身边经过时，嘲弄地说。

爷爷没有回应。他和哥哥们一起长大，他们不停地争吵，这让他懂得，争吵最终只会让自己受到伤害，陷入麻烦。

在内心深处，爷爷觉得，自己得找到金子才能像阔浣熊一样快乐。

爷爷继续**挖啊挖，挖啊挖，挖啊挖**，但还是一无所获。

幸运的是，随着时间的流逝，爷爷的果树结了很多果子。他决定用果子换几只鸡，在这之后，他甚至换了一头奶牛。鸡蛋根本吃不完，牛奶也根本喝不完，于是爷爷就将这些卖给村里的人。这些果树、母鸡和奶牛让他每天都有东西可卖，这太棒了。爷爷赚了很多钱，但他还是坚持每得到 10 颗种子就种下 1 颗。

爷爷有很多空闲时间去做他想做的事。他甚至有钱买新衣服，穿得像**阔浣熊**一样。

就在这时，爷爷突然想到，他可有一段时间没有见到阔浣熊了。爷爷决定去找他，确定他还过着舒服的小日子。他认为阔浣熊一定过得很潇洒，因为他知道阔浣熊有大把大把的金子，只要他愿意，就能买下整片森林。

爷爷终于找到了阔浣熊，却发现他过得并不好。

"嘿，阔浣熊，你还好吧？你看起来很疲惫。"

"不，我一点都不好。整整一个月，我都没有找到金子。之前找到的金子也都被我花光了。我已经很久没有吃过一顿像样的饭了。**我饿坏了。**"他愤愤地说。

尽管爷爷并不喜欢阔浣熊，但还是替阔浣熊感到难过。他把阔浣熊请到家里，给了他一些食物。

阔浣熊十分感激爷爷。他说："我真不敢相信，从前我总是嘲弄你，现在你还对我这么好。叫你**瘦袋鼠**，我很抱歉。看看你种的那片森林，肯定值不少钱。毫无疑问，你可比我善于理财。我多希望也能拥有一片你那样的'财富森林'！我现在应该叫你**富袋鼠**！！"

阔浣熊决定开始种植自己的"财富森林"。

"有钱"和"富有"有什么区别？

爷爷总是给盖尔讲有关阔浣熊的故事，这恰恰是因为生活中有很多像**阔浣熊**一样的人。他们住着气派的房子，开着豪华的汽车，穿着时髦的衣服。他们看起来总是有很多钱，可以买任何自己想要的东西。但事实是，他们花光了所有的钱，一分钱都没有存下——就像**阔浣熊**没有存下一丁点金子一样。

如果你有钱但全部花光，那你就像阔浣熊一样，很"**有钱**"。而如果你存下并"种植"你的钱，那你就会变得"**富有**"，就像富袋鼠（盖尔的爷爷）一样。

"我压根就不知道怎么存钱。我只看到爸爸妈妈像阔浣熊一样，不停地花钱。"鲍里斯说。

"自从爷爷给我讲了这个故事，我就坚持每当有 10 美元时，就存下 1 美元——就像爷爷存下果子一样。"盖尔说道。

"这么说，你爷爷变得超级有钱，是因为在岛上卖果子、鸡蛋和牛奶？"鲍里斯面带疑惑地问道。

"差不多吧。爷爷在**普卡普卡岛**生活了 8 年，最后卖掉了那片财富森林，乘船回到家人身边。回到家后，他利用财富三大法则和自己存下的钱，变得超级富有。这**财富三大法则**可是他从种植财富森林中学到的秘诀。"盖尔说。

"快！快！快点告诉我这三大法则。我实在太想知道了！"鲍里斯说。

"在告诉你这些法则之前，你要先**学会怎么赚钱**。爷爷给我讲了一个超级棒的故事，这个故事让我学会赚很多钱，大多数孩子可做不到。明天我们就在这儿不见不散，我给你讲讲这个故事。"盖尔兴致勃勃地说。

爷爷说："要永远牢记……"

不要像阔浣熊一样，花光自己
所有的钱，

存下钱，让钱"生长"，这样
你才能变得富有

重点

敲黑板

跟你的父母、同学、朋友以及……

最喜欢的老师，讨论一下吧。

为什么存钱很重要？谈谈你的看法吧。

爷爷的
神秘代码 (3)

回答下面的问题，将正确选项的字母填在第一页的相应位置，来破译代码吧。

下面哪个词的意思是"存下钱，并让钱不断增值"？（　）

U. 富有

O. 有钱

W. 贫穷

Part2

第二部分 **赚钱**

动脑巧干

第四章
快乐的农民，
悲伤的农民

FORTUNE

动脑巧干

　　盖尔走在去**汉堡屋**的路上，她要去见鲍里斯。这时，她看见一个男孩哭哭啼啼地朝她这边跑过来。她拦住男孩，问他究竟发生了什么事。

　　"那个**大恶霸**抢走了我的零花钱！"男孩哭着说。

　　那个大恶霸就是鲍里斯！盖尔再清楚不过了。她刚开始同情他，他就做出了这种事。

　　盖尔找到鲍里斯，喝道："**把这个男孩的钱还给他！**"

　　看到这个瘦小的书呆子勇敢地对抗鲍里斯，所有人都惊呆了。

　　鲍里斯也不知所措。他得在这帮恶霸朋友面前保持自己的"硬汉"形象。

"我只是跟他闹着玩。我当然会把钱还给他!"鲍里斯回应道,装出一副开玩笑的样子。

盖尔立刻转身离开了汉堡屋,快步往家走。

鲍里斯在后面追她。**"我真的很抱歉**,我不该那么做。但我的那些朋友喜欢看我欺负别的孩子,**他们觉得那样的我很有趣。"**他坦白道。

"如果只有在你欺负别人时,他们才喜欢你,那你就应该交点新朋友了。"盖尔说。她还在生鲍里斯的气。

"拜托,我真的很想多听听你爷爷的故事。如果不向他学习,我就永远没办法改变自己。"

最后那句话让盖尔大吃一惊。鲍里斯承认他应该改变,这需要很大的勇气。

"你保证不再欺负任何人,我才会继续给你讲我爷爷的故事。**你能保证吗?"**盖尔说。

"我会证明我对待这件事是多么认真。给你,我的皮夹克你拿着。我穿这件皮夹克就是为了让自己看上去很不好惹,就像电视上的那些坏小孩。"

盖尔简直不敢相信。**"哦**,我不会要你的皮夹克,但你愿意把它给我,就证明了你是认真的。我会继续给你讲爷爷的故事,但这是你最后的机会。"

"谢谢你。很高兴你没有拿走我的皮夹克，不然妈妈肯定会对我大吼大叫。"鲍里斯笑着说。

他们来到附近的公园，找了一张长椅坐下，离鲍里斯那些"朋友"远远的。盖尔继续给鲍里斯讲爷爷成为这个国家**最富有的人之一**的经历。

"我爷爷种了一片森林，开始卖树上结的新鲜水果、鸡蛋和牛奶，还记得吧？他是在听了普卡普卡岛上两个农民的故事后，才这么做的。他明白了，人不仅需要勤奋苦干，还得动脑筋、会巧干。"

快乐的农民，悲伤的农民

从前，普卡普卡岛上有一个叫锡德的农民。人们都叫他"**悲伤的锡德**"，因为他总是不开心，抱怨个不停。无论刮风还是下雨，他都会在农场上整天卖力地摘草莓。要是有人肯听他抱怨，那可正合他的意，他会滔滔不绝地抱怨起自己的生活，能从早上抱怨到晚上，从今天抱怨到明天。他尤其喜欢抱怨自己的邻居"**快乐的汉娜**"。

　　汉娜也是岛上的农民。她和锡德一样，靠种草莓为生，但她可不会把所有时间都花在工作上。她有一座漂亮的房子，比锡德的房子气派多了。她大部分的**草莓**都是花钱雇人采摘的。她会和家人开开心心地去钓鱼。所有人都喜欢汉娜，只有锡德是个例外。

　　汉娜什么都有，锡德认为这不公平，他工作如此努力，却几乎一无所有。在锡德看来，汉娜就是运气**特别好**！！

一天，一场特大风暴袭击了普卡普卡岛。汉娜和锡德的草莓园和房子都被毁了。

风暴结束后，汉娜不得不亲自去种植、采摘草莓。锡德高兴极了，他心想："幸运之神终于不再眷顾汉娜，她现在的处境跟我一样喽！"

锡德和汉娜都要从头再来，他们能赚多少钱就看能种植、采摘和卖掉多少草莓。

风暴结束3个月后，他们的草莓又长了出来，可以采摘了。锡德摘草莓的速度比汉娜快，所以他卖出了更多的草莓，赚了更多的钱。**这让他感到快乐了一点。**

那天晚上，锡德吃了一顿丰盛的大餐，而汉娜只吃了一顿简单的便饭。

第二天，锡德开始从他的农场里采摘更多的草莓。汉娜也早早起来，去采草莓，但她的手里多了一样小工具。那是一只金属手套，大拇指的位置有个小刀片。昨天晚上，汉娜的大部分时间都花在设计、制作这件工具上。她只吃了一顿简餐，用省下的钱买了所需的金属零件。这

件工具让她事半功倍，在同样的时间里，她可以采更多的草莓。

第二天结束时，因为有了这件工具，汉娜比锡德采了更多的草莓，也就卖掉了更多的草莓。这让锡德又开始**闷闷不乐，抱怨连天！**

锡德又吃了一顿美味大餐，他知道汉娜的饭可没有他的丰盛。他实在想不通这是为什么！汉娜赚了更多的钱，可为什么还是没有美餐一顿呢?！

第三天，锡德还是像往常一样，来到自己的农场工作。这次，汉娜是和其他两个人一起来的。他们和汉娜一同工作，手上都戴着汉娜设计的工具。锡德不知道她怎么会有钱雇人。汉娜得和他们平分收入，但她和助手采摘的草莓数量可是锡德的 5 倍多。

汉娜没有卖掉所有的**草莓**，而是留出了一部分。

锡德搞不懂，她为什么要留出一些草莓。

新的一天开始了，锡德照常来到草莓园，就是脸色比从前更阴沉了。他看到汉娜的助手以及另外两张新面孔，但是没有看到汉娜。

午饭时间，锡德看到许多人往当地的村庄里走。他问大家为什么要去那里。他们回答道："**难道你还没听**

说?！ 今天有家新店开张，专卖超级新鲜美味的草莓饮料和零食！"

锡德走进那家店，他简直不敢相信自己的眼睛。汉娜正在那里卖饮料和零食，这些都是她用留下的草莓制作的。

接下来，锡德注意到，汉娜的有些助手不是在摘草莓，而是在种新作物。它们长成了不同种类的水果。

不久，汉娜的店就遍布全岛，出售各种果汁和零食。汉娜从**风暴**中明白了一个重要的道理：要开发新产品，不能全年只依靠种植草莓赚钱。她开始制作果酱和精美的果盘。这样即使风暴再次来袭，她仍然有东西可卖，有钱可赚。

后来，汉娜将店交给其他人打理，这样她就又能陪家人度过更多快乐时光。

很快，他们就重回最初的状态：**悲伤的锡德，快乐的汉娜**。锡德认识到，汉娜不仅仅是运气好。她做事努力又善于动脑，她关注的是如何把赚来的钱善加利用，这样她就能赚更多的钱。

悲伤的锡德很快就学会了汉娜的点子。他向汉娜询问如何制作工具，汉娜很乐意分享，然后他也找了一些帮手。他知道，即使自己不喜欢粗茶淡饭，也不能再大吃大喝。没过多久，他的伙食就大有改善，也生活得像汉娜一样自由自在。

盖 尔 说，钱 可 以 生 钱

盖尔告诉鲍里斯，爷爷在普卡普卡岛时，希望自己能像**快乐的汉娜**一样。他没有把钱都花在买衣服和吃大餐上，而是用一部分钱买了一些鸡和一头牛，这样他就可以赚更多的钱。

"而且，爷爷甚至开始用自己森林里的木材制作高脚椅，但那是另外一个故事，他想单独找一天讲给我听。"盖尔说。

"我父母总是花光所有的钱。我根本不知道怎么赚钱。这大概也不会让你感到惊讶，本来我也不是什么**聪明孩子**。"鲍里斯没好气地说。

"别看轻自己，你只是从来没有学过。要不是我爷爷帮助我，我也不知道该怎么赚钱。自从他开始教我，我就一直用鲜花来赚钱，就是我们第一次见面时，你狂踢的那些花。"

"对不起，"鲍里斯说道，他抱歉地笑了笑，"可我还是不知道，你究竟怎么用那些花赚钱。"

"让我先给家里打个电话，告诉他们我得晚点回去。**我待会儿给你讲讲，我是怎么用那些花赚的钱。**"盖尔答道。

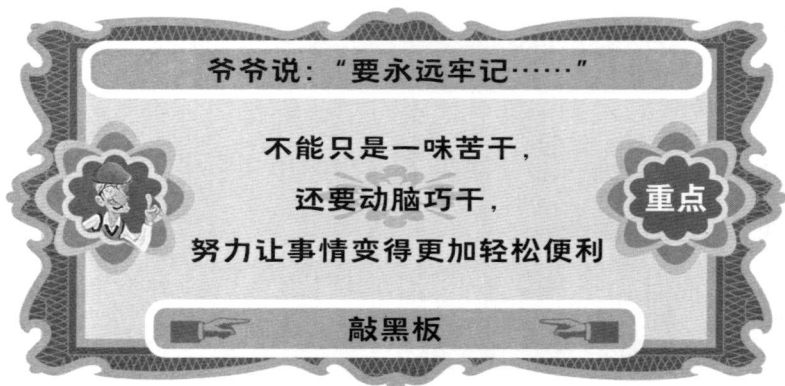

> 爷爷说："要永远牢记……"
>
> **不能只是一味苦干，
> 还要动脑巧干，
> 努力让事情变得更加轻松便利**
>
> 重点
>
> **敲黑板**

跟你的父母、同学、朋友以及……
镜子中的自己，讨论一下吧。

为什么快乐的汉娜决定花一整晚来制作新工具，而不是舒舒服服地放松休息呢？谈谈你的看法吧。

爷爷的
神秘代码 (4)

回答下面的问题，将正确选项的字母填在第一页的相应位置，来破译代码吧。

下面哪个选项的意思是"想办法让事情变得更顺利或更容易"？（　　）

E. 巧干

I. 苦干

O. 磨洋工

第五章
盖尔的花

FORTUNE

小小创业者

"我用你踢落的那些花赚了一笔钱，我会告诉你我是怎么赚到的。但在这之前，先让我给你讲讲，在我很小很小的时候，父母给我的**零花钱**吧。这让我学到了很多有关金钱的道理，这些都是非常重要的道理哟。"盖尔说。

盖尔的零花钱

很多人认为爷爷奶奶给了我父母大笔的钱，也给了我很多钱。可事实并不是这样。

说起来，从我 4 岁起，他们就开始每星期给我零花钱。

尽管零花钱不多，可父母还是鼓励我每星期存下一点，就像爷爷在**普卡普卡岛**上每找到 10 个果子就存下 1 个一样。现在，存点钱已经成了我的一种习惯，这会让我将来变得富有。如果没有这些零花钱，我很难养成储蓄的习惯。

随着慢慢长大，我想找到赚更多钱的办法。就是从那时起，我开始去爷爷家学习如何赚钱。

盖 尔 的 花

有一天，我去爷爷家，他正在花园里忙来忙去。我问他，我怎样才能赚更多的钱。我心想，他准会给我在花园里找点活，等我完成后，给我一点报酬。

"如果我给你找点活干，那你就会像**悲伤的锡德**一样，为了钱而辛苦工作。可你为什么不学学**快乐的汉娜**，想想其他赚钱方法呢？也许你可以创造点东西去卖。"爷爷说。他又提到了之前给我讲的故事——《快乐的农民，悲伤的农民》。

"可我根本没有东西可卖。"我答道。

"我们总有机会创造出新东西。观察一下你的周围，我相信如果你能利用自己**无穷的想象力**，你就能创作出朋友们会喜欢的玩意儿。"爷爷说着就回去清理他的花坛了。

我毫无头绪，不知道能创造什么。我能看到的就只有散落在地上的花瓣。我开始感到沮丧，爷爷把事情说得太简单了。我把花瓣拾起来，用它们拼成"**我毫无头绪**"。

爷爷走过来对我说："这位小姑娘，我想你刚刚已经想出好主意了吧?!"

我感到无比困惑："我想出什么主意了?"

"你见过用花瓣做成的标语吗? 我可没见过。这看起来与众不同、色彩缤纷。我很乐意把这样的标语或图画放在相框里。"爷爷认真地说。

我看着那个用花瓣拼成的标语——"我毫无头绪"，发现爷爷是对的。这个标语五彩缤纷，独一无二。

于是，我们尽可能将所有掉落的花瓣都拾起来。我开始制作不同的标语和图画。爷爷给了我一个旧相框，我可以把自己最中意的图画放进相框里。玻璃将花瓣固定住，**这看起来酷极了**。

第二天，我将花瓣画带去学校给朋友们看。他们喜欢得不得了，都想让我给他们制作一幅。

我飞奔到爷爷家，告诉他这个好消息。他对我说，那些掉落的花瓣我可以随便拿。

"我没有多少相框可以给你用，你得自己去商店买一些。"爷爷说。

我在过去几星期里攒下的**零花钱**还剩 10 美元。通常，我会用这笔钱去看场电影，但我想，只要卖掉了那些画，我随时都可以去看电影。

我买了 5 个相框，每个 2 美元。我制作了 5 幅花瓣画，都卖给了朋友。他们每人付给我 7 美元。这让我收回了买相框的成本 10 美元，我又花掉 10 美元看了一场电影，然后还剩下 15 美元。

"你打算用剩下的钱做什么呢？"爷爷问。

"我要买更多的相框！"我兴奋地说。

我继续制作花瓣画，父母会带我到跳蚤市场把这些画卖掉。

爷爷说他花园里的花瓣快用光了。于是，我决定去村子里转转，问问别人是否想让我帮忙清理掉落的花瓣。他们还愿意为此付钱给我，于是我赚了更多的钱，而且我还能留下掉落的花瓣，去做更多的花瓣画，赚更多的钱。

我用一部分钱开始自己种花，这样我就会有很多花瓣了。

我很喜欢这样做，我想有更多东西可卖。

一天，妈妈和爸爸一起出去吃晚餐，妈妈闻起来**香香的**，就像我用来制作花瓣画的鲜花一样香。妈妈告诉我，她喷了香水，这种香水是用鲜花做的。我真的很想自己做香水。接下来的星期六和星期日，我和妈妈度过了超棒的两天，我们试着自己动手制作香水。我们做的第一款香水糟糕极了，闻起来就像好多天没洗的臭袜子。

我和妈妈继续尝试，很快我们就做出了非常好闻的香水。我们没有把香水喷在自己身上，而是做成了书本喷雾香水，这样人们就可以拥有弥漫着香气的书本了。现在，我们把喷雾香水卖给村子附近的人，还在当地的市场售卖。这意味着我可以一直赚到钱。

好消息是，鲜花不断生长，在春天和夏天，我们总会有充足的鲜花可用。可我现在正在想，冬天没有花的时候，能做些什么去卖呢。

鲍里斯的创业梦

"啊！**太了不起了！**"鲍里斯说，"也许，我在学校的时候应该少打点瞌睡，这样我就能把这些东西都学会了。"

"这可不是学校里教的。我不知道为什么学校不教孩子们创业，真希望将来他们能教孩子们开创自己的小事业，教他们成为**创业者**。"盖尔回答。

"我们一起创业怎么样？我确定，我们一定能想出好点子，成为**亿万富翁**！"鲍里斯兴奋地说。

"鲍里斯，我喜欢你这种热情。"盖尔答道。

"但在开始创业之前，我们再碰一次面，我给你讲讲爷爷的**财富三大法则**。如果你不知道怎么理财、让财富增值，你就会像大多数人一样，不会成为亿万富翁。下个星期六和星期日，汉堡屋见，怎么样？"

"一言为定！你真的很喜欢去**汉堡屋**，对吧？接下来，你该不会告诉我，你到那里去能赚钱吧？"鲍里斯开玩笑说。

盖尔没有回答。她只是笑了笑，回家了。

爷爷说："要永远牢记……"

孩子们也可以开创
属于自己的小事业

重点

敲黑板

跟你的父母、同学、朋友以及……

从未交谈过的阿姨，讨论一下吧。

孩子们可以开创什么样的事业呢？谈谈你的看法吧。

爷爷的
神秘代码 (5)

回答下面的问题，将正确选项的字母填在第一页的相应位置，来破译代码吧。

下面哪个词的意思是"自己做生意创业的人"? （　）

A. 淘金者

I. 管理者

E. 创业者

Part 3

财富三大法则

先存钱再消费

第六章

村庄之行

先存钱再消费

FORTUNE

盖尔朝**汉堡屋**走去，耳边传来一阵阵叫喊声，听起来像是有人在吵架。

"不会又是鲍里斯吧?!"盖尔自言自语。

真的是鲍里斯，他和两个男孩吵得正凶。

盖尔打算冲进去告诉鲍里斯，她再也不会理他了。但这时，她却注意到，鲍里斯正在跟他的恶霸朋友们吵架。

"你变了，鲍里斯。你已经变成了一个**废物**！你连皮夹克都不穿了。接下来，你就得像你的新朋友一样，穿那种土气的 T 恤衫吧！"其中一个恶霸朋友喊道。

"我已经不在乎你们怎么想了。"鲍里斯怒斥道。

盖尔注意到，一个满脸惊恐的小男孩正站在鲍里斯身后。就在这时，**汉堡屋**的经理急忙赶过来，制止了这场争吵。

"**鲍里斯！这是怎么回事！**"他质问道。鲍里斯小霸王的恶名在村里可是人尽皆知，如果有了任何麻烦，大家理所当然地认为他就是罪魁祸首。

那个小男孩赶快走上前，告诉经理事情的真相："**先生，先生，**那两个男孩要抢走我的午饭钱。鲍里斯替我出头，事情是他们挑起的，不是鲍里斯。"

听到这番话，盖尔惊呆了。鲍里斯竟然会帮助别人?！她太为他感到骄傲了。

汉堡屋的经理也对鲍里斯的行为感到惊讶："鲍里斯，你能为这个男孩挺身而出，真是太棒了。也许，我以前错怪了你。下次遇到问题，不要吵架，换种方法处理吧。"

听到这番赞扬，鲍里斯**脸红**了。他以前可从没听过别人称赞他，尽管失去这些朋友让他有点担心。他这样做，那些朋友今后再也不会跟他一起玩耍了。

紧接着，他想到了盖尔："她拿我当朋友吗？还是只把我当成一个小学徒？"他以前可从没跟女生交过朋友。

盖尔挥手让鲍里斯去柜台前，好让他们能点些饮料和薯条。

"你为那个男孩挺身而出，太了不起了！你真应该为你自己感到骄傲。你为什么会这样做呢？"盖尔问道。

"我真的很想知道**财富三大法则**，所以我想向你证明，我可以改变。要知道，你爷爷从身无分文到无比富有，他的故事实在太令人振奋了。我从没想到，像我这样的人也能变有钱，我是说，变得富有。"鲍里斯答道。

"我爷爷总是说，要想变得富有，最重要的就是你首先得相信自己能变得富有。大多数人并不相信，所以他们从来没有真正尝试过，"盖尔笑着说，"我们最好找个位置坐下，我好给你详细讲讲**财富三大法则**。"

他们拿起托盘，在一个餐位前坐下，刚一坐稳，盖尔就开始讲第一大法则。

第一大财富法则
每得到 10 颗种子就存下 1 颗（储蓄）

"爷爷在岛上时，做出的最明智的决定就是，每找到 10 个果子就至少存下 1 个。他对待金钱也是如此。他每赚到 10 美元就至少存下 1 美元。这成了他的第一大财富法则。"盖尔解释说。

"这第一条法则意味着,他总是有钱应对不时之需。"

"**这听起来真的太简单了!**"鲍里斯说。

"大多数人都会这么说,但这可比你想的要难多了。有很多人会想尽办法让你花钱。他们那些聪明的法子保证能让你掏空钱包。还记得普卡普卡岛的**阔浣熊**吧?当他决定像爷爷一样开始种植自己的森林后,他就尽力做到每得到 10 颗种子,就存下 1 颗。"

阔 浣 熊 的 村 庄 之 行

一想到要种植属于自己的森林,**阔浣熊**就感到很兴奋。他主动提出要帮爷爷的木屋修一个新入口,来换点种子。那时人们都叫爷爷富袋鼠。

爷爷同意了,他甚至还告诉阔浣熊普卡普卡岛上种植种子的最佳地点。

阔浣熊埋头苦干一上午,拿到了种子,打算开始种植自己的森林，他兴奋极了。他要去爷爷告诉他的最佳地点。在去的路上，他要经过一个村庄，从前他只要找到金子就会去那里，可如今他都已经好几个月没去过了。

他在穿过村庄时，遇见了自己的老朋友们。

他们以为，他来村里是因为他又走运了，找到了更多的**金子**。阔浣熊告诉他们，他已经很久都没见过金子了。他现在有一些种子，打算种植属于自己的森林。

阔浣熊继续往前走，他的朋友面包师比尔拦住了他。过去，阔浣熊是比尔面包店的常客，总去买超级好吃的**普卡普卡蛋糕**。见到阔浣熊，比尔很高兴，问他要不要来个蛋糕。阔浣熊告诉比尔，他没有金子买蛋糕，只有 10 颗种子要种。

比尔说："我知道，你一定非常想念这些美味的蛋糕。要不你用 3 颗种子换一块蛋糕，怎么样？你还会剩下不少种子呢。"阔浣熊看着蛋糕，无法拒绝。就像比尔说的，他还剩不少种子呢。

他吃掉了美味的蛋糕，跟比尔道别，继续赶路。

在村庄的尽头，有一家服装店，店主米利耶是阔浣熊的朋友，他们交情很好。

　　阔浣熊发现金子时，也总是光
顾米利耶的服装店，买各种新衣服。
他现在不再需要华丽的衣服，但是
他觉得去店里跟米利耶打声招呼
也没什么大不了。

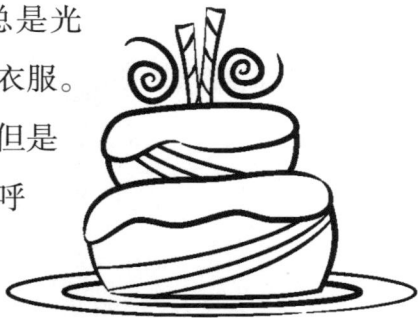

　　他把找不到金子，遇见
爷爷，打算如何种植属于自己的森林，都从头到尾和米
利耶讲了一遍。米利耶为他感到高兴，她接着说："你
不是打算穿着这身衣服去种植森林吧？你会毁了这身衣
服的，衣服上沾上泥土很难弄干净。你没有其他合适的
衣服吗？"

　　"我现在只剩这身衣服了！" 阔浣熊答道。

　　"我这儿正好有适合你种植森林穿的衣服，再合适
不过了。你可以用你手里的种子来换。这样，当你下次
再有种子时，就可以穿着新衣服播种，再也不用担心毁
了你这身漂亮的衣服。"

　　阔浣熊想了想，觉得这听起来不错，他喜欢穿着新
衣服播种，他觉得自己今后会花大把时间种植森林。他
心想，他可以为爷爷多做些工作，赚更多的种子，这样
等不了多久，他就可以开始种植自己的森林。于是，他

试穿了新衣服。"这些衣服看起来**棒极了！！** 谢谢米利耶。"阔浣熊把剩下的 7 颗种子给了米利耶。

第二天，阔浣熊又去找爷爷，问爷爷他是否可以帮忙多干些活，赚点种子去种森林。看到阔浣熊穿着新衣服，爷爷感到很惊讶，问道："我以为你要种下那些种子，你这身新衣服是从哪儿来的？"阔浣熊把米利耶服装店里发生的事情讲了一遍。

"阔浣熊，你要当心哟。如果你总是花掉种子，你也许永远都**无法**开始种植你的森林。"爷爷说。

阔浣熊向富袋鼠保证，这次他一定会种下种子。

阔浣熊辛苦工作了一整天，从爷爷那里一拿到种子就要去播种。他走进村子，跟比尔和米利耶打了招呼，但他在心里告诉自己，不能进面包店和服装店，否则又得花掉自己的种子。

他要离开村子时，遇到了德里克。德里克戴着一副超酷的太阳镜。"啊！这副太阳镜看起来真不错。"阔浣熊说。

"谢谢。今天眼镜店有**买一赠一**的活动。你也应该去买一副。大家都知道你老是弄丢太阳镜。"

"我现在不需要太阳镜。"阔浣熊说。他接着讲起了他要去播下种子，种一片森林的事情。

"如果你要种一片森林，你将来就会有很多种子。
而**大减价**只有今天一天。今天买
两副眼镜，你只需要付一副的
钱，这样你将来就不用花掉更
多的种子了！"

阔浣熊觉得德里克说得有道理。如果现在买两副太
阳镜，将来就可以省下一笔钱，毕竟他总是弄丢自己的
太阳镜。他以为像以前一样，他以后也总能从爷爷那里
赚到更多的种子。所以，他赶在减价活动结束前，去店
里买了两副眼镜。

　　阔浣熊戴着新太阳镜，哼着小曲儿，迈着轻快的步子往家走。

　　第二天，他又去找爷爷，他知道爷爷一定会问他森林种得怎么样，而他不得不承认他一颗种子都没种。

　　阔浣熊刚一见到爷爷，就讲起他买了打折的太阳镜，省下一笔钱的事情。而爷爷问道："你去村子之前，想过要买太阳镜吗？还是在听说**大减价**之后，才想要买的？"

　　阔浣熊承认，他是在听到大减价后才想要买的。

　　爷爷告诉阔浣熊："总是有人在打折促销，让你花掉自己的种子。在这种情况下，你很难拒绝诱惑。"

　　"听着，你应该这么做：在种下种子之前，不要从村里穿过，换一条路，绕过村子。种下一部分种子后，你可以在回来的路上去村里，用剩下的种子换你想要的东西。这样，你就能保证一直在播种。记住，**在去村子之前，至少要种下 1/10 的种子。**"爷爷说。

　　阔浣熊真的照做了，但这并不容易。可过了一段时间，他就已经习惯绕过村子，走其他的路。在播种之前，他都不必再想进村的事。

　　不久，阔浣熊的种子就长成了大树，树上开始产更多的种子。他将这些种子种在森林里，并且还坚持从爷爷那儿每赚到 10 颗种子就种下 1 颗。

盖 尔 的 好 习 惯

"你看，大多数人从小就知道第一大财富法则，但他们还是花光了自己所有的钱。他们成年后，会继续买买买，把第一大法则忘到脑后，特别是现在有那么多人、那么多公司想出各种聪明的办法，让我们掏空钱包。"盖尔向鲍里斯解释道。

盖尔继续说："从我 4 岁有零花钱起，爸爸妈妈和爷爷奶奶就确保让我存下一部分零花钱。**这是因为孩子们一般到 7 岁时，就能养成理财的习惯。**我在能独自去商店购物之前，就一直在存钱，所以我现在存钱是出于习惯。这也是为什么他们在我那么小的时候就给我零花钱。"

"我以前可从来没有存过钱！我就像**阔浣熊**一样，有钱就会全部花光。从现在开始，我要改变，我要存钱！"鲍里斯说。

　　"太棒了。如果你能养成存点钱的好习惯，你就将开启财富的大门，"盖尔回应道，"你已经知道第一大财富法则——每得到 10 颗种子就存下 1 颗，也就是储蓄。现在，让我给你讲讲第二大财富法则。第二大法则或许最令人兴奋，因为大多数人都不太了解哟。"

爷爷说："要永远牢记……"

先存钱

再消费，

千万不要弄反哟

重点

敲黑板

跟你的父母、同学、朋友以及……

名字以拼音"z"开头的某个人，讨论一下吧。

　　为什么先存钱再消费这么重要呢？谈谈你的看法吧。

爷爷的
神秘代码 (6)

回答下面的问题，将正确选项的字母填在第一页的相应位置，来破译代码吧。

如果你总是存下一点钱，这就成了一种（ ）。

M. 习惯

D. 琐事

T. 游戏

第七章
汉堡屋

投资

FORTUNE

"要想真正理解第二大财富法则，你需要把钱看作种子。"盖尔解释说。

盖尔继续说道："第一大财富法则是确保自己存下一些种子，第二大财富法则是确保种下这些种子。要知道，你种下一颗种子，它就会长成一棵树。这棵树会不断生长，产出更多种子。你把收获的种子再种下去，就会长出更多的树。这意味着拥有一颗小小的种子就能获得一片茂密的森林。你种下的种子越多，你的森林就越大。"

"你没法种摇钱树。"鲍里斯有点困惑地回答。

"对，你说得对。虽然我们没法种摇钱树，但就像爷爷告诉我的，钱可以像树一样生长。你瞧，如果你把存下的钱拿来投资，钱就会生长，帮你赚更多的钱。"盖尔解释说。

"我根本不懂你说的'**投资**'是什么意思。这是只有你们聪明孩子才懂的事吧？"鲍里斯问道，他怀疑自己是否真的能变富有。

"当爷爷告诉我第二大财富法则是'用你的积蓄去投资'时，我也完全不懂什么是投资。这也是学校没有教过的东西。但我 7 岁时，爷爷带我去汉堡屋，教会了我什么是投资。"盖尔说。

第二大财富法则
种下你储存的种子（投资）

汉堡屋的故事

爷爷把盖尔带到汉堡屋，对她说："你看到那些人了吗？那些排队点餐的人。他们要把自己的钱给汉堡屋。每个人都要付钱，每个人的钱也就会变得少一点。

而汉堡屋从买汉堡的人那里收到了钱，就会变得更富有。不仅仅是你眼前看到的这些人哟。世界各地都有人在买汉堡屋的食物，付钱给汉堡屋。汉堡屋的连锁店遍布全球各地，汉堡屋的老板会变得越来越富有。"

爷爷继续说道："现在想象一下，如果你拥有**汉堡屋**，你也会得到一部分钱，变得更富有。这就是**投资**。你投资**股票市场**，把自己的钱给那些公司，于是它们的一小部分就属于你。只要有人买它们的东西，你就会得到一点钱。

"你可以投资很多公司，比如电脑公司、玩具公司、汽车公司、电影公司。只要你投资了，公司的一小部分就属于你。这意味着，每当有人买电脑、玩具、汽车或看电影的时候，你都会得到一小部分钱。

"你不会分到**汉堡屋**赚的所有钱，因为他们必须用一部分卖汉堡赚的钱来支付员工的工资，他们还必须支付餐厅的租金，付钱给提供牛肉和土豆（汉堡和薯条的原料）的农民。在支付了这些钱之后，他们就会把剩下的钱，也就是**利润**，分给那些投资他们公司的人。

"汉堡屋用你投资的钱来开发新口味的汉堡，开新的餐厅。这会让他们赚更多钱，他们也会分给你更多

钱，这就是**分红**。你对公司的投资越多，你从公司得到的回报也就越多。

"记住，投资就像种树。如果你投资汉堡屋，就可以把这想象成种下了一棵汉堡屋之树。汉堡屋给投资人一些金钱回报，就像汉堡屋之树结出了一颗种子。而变得**富有**的秘诀就是，用这颗种子再种另一棵树，也就是说，把更多的钱投资到汉堡屋。你拥有更多的树，就意味着你每年都会得到更多的钱。

"我从岛上回家的第一年起，投资的钱几乎每十年就翻一番。我回到家已经50年了，当时投资的每一美元现在价值都超过32美元。

在普卡普卡岛上赚的钱

50 年前　40 年前　30 年前　20 年前　10 年前　现在

"这些年来，我发现了各种各样的赚钱方法。我每赚到 10 美元，就至少将 1 美元用于投资，所以我现在是一个富人。

"投资最大的好处就是，钱会自动增值，而你却不必做任何额外的工作。"

鲍 里 斯 想 投 资

"**汉堡屋**竟然有一小部分是属于你的，这太酷了！不过，既然投资这么好，那为什么不是每个人都投资呢？"鲍里斯问道。

"很可惜，许多人从来没有学过怎么投资，所以他们从不投资，或者他们也不确定最佳的投资方式是什么。"盖尔回答道。

"拜托，你会教我最佳的投资方式，**对吧**?！"鲍里斯问道。

"当然了。爷爷给我讲了一些不可思议的故事，我从中学会了怎么正确投资。但首先，我要给你讲讲第三大财富法则。这非常重要，如果你不能遵守这条法则，任何投资都没有意义!"盖尔说道。刚说完,她就起身去买冰激凌,留下鲍里斯眼巴巴地等着学习第三大财富法则。

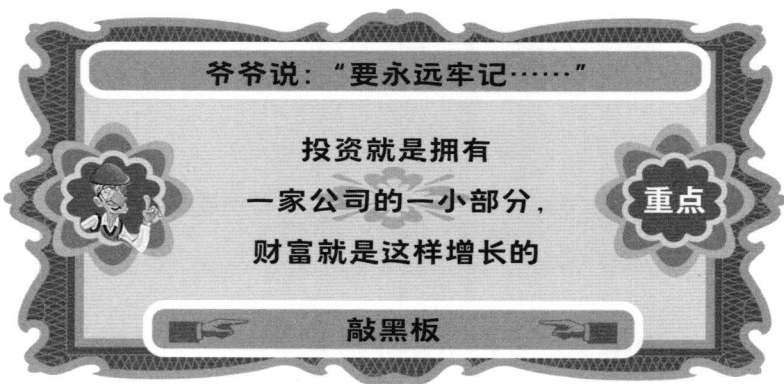

爷爷说:"要永远牢记……"

投资就是拥有
一家公司的一小部分,
财富就是这样增长的

重点

敲黑板

跟你的父母、同学、朋友以及……
班里最安静的孩子,讨论一下吧。

为什么把一部分钱用于投资这么重要呢?谈谈你的看法吧。

家长朋友们,如果你们也感兴趣,就开通一个投资账户吧!

三步教您开通投资账户:

www.bluetreesavings.com/guide

爷 爷 的
神 秘 代 码 (7)

回答下面的问题，将正确选项的字母填在第一页的相应位置，来破译代码吧。

在股票市场，你会将自己的钱投资给（　　）。

Y. 汉堡

A. 公司

P. 邮票

第八章
阔浣熊的
红树

赌博和债务

FORTUNE

盖尔终于拿着冰激凌回来了。

"你怎么去了这么久？我还以为你改变主意，不管我了呢。"鲍里斯说。

盖尔笑着说："你真没耐心。如果你想变得富有，就要改改这一点。要知道，第三大财富法则就是，要有**耐心！**"

第三大财富法则
让你的树慢慢生长（要有耐心）

"这就是第三大法则？似乎太容易了！" 鲍里斯脱

口而出。

"这看起来容易，但大多数人都做不到。一提到钱，人们真的很难有耐心。他们想要马上就有钱，结果非但没有变富，反而更穷了。没有耐心的人在投资时就会赔钱。他们想看到自己的钱快速增长。一旦他们的钱看起来没有增长，他们就会停止投资。"盖尔解释说。

"对赚钱没有耐心的人还会试图寻找捷径赚钱，结果财富没有增值反而缩水了。我爷爷亲眼看到这一切发生在他的朋友阔浣熊身上。"盖尔继续说。

阔 浣 熊 的 红 树

距离**阔浣熊**在普卡普卡岛上种下种子，已经过去了几星期。能像他的朋友富袋鼠，也就是我的爷爷一样，种植属于自己的财富森林，阔浣熊感到兴奋极了。

他每天都会去地里看看自己的种子是否已经长成了树。阔浣熊讨厌等待，他现在就想要一片森林！

一天，阔浣熊穿过村子时，听到了奇怪的吵嚷声和欢呼声。他继续向前走，看到一群人正在玩游戏。其中一个是大名鼎鼎的"神奇埃尔莎",她拥有全岛最奇异的树木。

阔浣熊津津有味地看着他们玩。这时,一个玩家突然跳起来喊道:"**太棒了!我赢了!!**埃尔莎,你现在欠我一棵奇异树!"

埃尔莎果真同意了,她答应游戏一结束,就会把一棵奇异树送给这个男人。

阔浣熊心想:"啊!这能解决我所有的问题。我如果赢了埃尔莎,就能得到一棵奇异树,再也不用等我的树长大了!"

他们正在玩一种简单的棋盘游戏:玩家轮流掷骰子,棋子第一个绕棋盘一周的人就是赢家。他们必须确保棋子不会落在棋盘的某些方格上,否则就要回到起点。这个游戏的特别之处在于,每轮掷骰子前,你必须在 5 秒内说整整 10 次"普卡"。多说一次或少说一次,你都会失去这次机会。(这可比你想象的要难!)

"我可以加入吗?"阔浣熊问。

"当然可以。花 10 颗种子就可以玩一局。"他们解释道。

阔浣熊已经种下了所有的种子,一颗都没剩。他想返回去，把种子挖出来，这样他就可以玩游戏了。就在这时，一个玩家对他说："要是你手头上没有种子，可以去找'**信用树先生**'。他会借给你种子玩，只要你之后还给他就行。"

"听起来不错！我恨不得马上就能玩。"阔浣熊一边回答，一边朝信用树先生的家走去。

他一到信用树先生家，就惊呆了，房子周围都是漂亮的红树。他以前可从没见过这样的树。

咚！咚！咚！

一个矮胖的男人开了门，他戴着方框眼镜，大大的脑袋上只有几缕头发。"信用树先生，我可以向你借10颗种子吗？"阔浣熊问道。"当然！当然！但你知道，你今后得还给我。"信用树先生回答说。

阔浣熊简直不敢相信自己的好运气。他自言自语："我以为要等好多年，才能有自己的树。现在，我立马就能有一些种子，我要用这些种子去赢埃尔莎的奇异树。我马上就能拥有自己的财富森林。不用等喽，太开心啦！"

阔浣熊正要离开，他看到信用树先生走到外面，在花园里种了一些种子，还在旁边立了一块牌子，上面写着:"阔浣熊:10 颗种子。"阔浣熊不懂信用树先生在做什么,他只想玩游戏,兴奋得无心去问。

在赶去玩游戏的路上,阔浣熊口中一直十遍十遍

阔浣熊:
10 颗种子

地、快速地默念"**普卡**"。他一到那儿，就给其他玩家
看他借来的种子。

他们让他在桌边的一个位置坐下，新一局游戏马上
开始了。

游戏很有趣，阔浣熊开始也表现得很好。他的棋子
在棋盘上快速移动，把其他玩家远远地甩在后面。机会
来了，他要投掷骰子，冲向终点。计时开始，阔浣熊开
始念道：

> 普卡，普卡，普卡，
> **普卡，**普卡，
> 普卡，**普卡，**
> **普卡，**普卡，普卡，
> 普卡！

一想到马上就能赢，
他兴奋过了头，说了 11
遍"**普卡**"，失去了这次
机会。

几分钟后，其中一
个玩家率先到达终点，
获得胜利。"**这怎么可能！**"阔浣熊大喊。他没有赢得
奇异树。更糟糕的是，他还欠信用树先生 10 颗种子。

他知道，要偿还信用树先生的债务必须挖出自己种
下的种子。这太令他伤心了。

可情况远比这更糟。阔浣熊从自己的花园里挖出
10 颗种子，去找**信用树先生**。他把种子交给信用树先

生，正要离开，这时信用树先生说："谢谢你还我 10 颗种子。等你还我剩下的种子时，我们再见吧！"

"什么？我就借了你 10 颗种子，刚刚还了你 10 颗，所以我不欠你了。"阔浣熊厉声说道。

信用树先生把阔浣熊带到花园里的一块牌子前，上面写着"**阔浣熊：10 颗种子。**"牌子旁边是 10 棵小红树。"你借种子的时候，我就以你的名义种下了一些红树种子。如今，种子已经长成了小红树。你现在得还我更多种子，因为每棵小红树都比你的一颗种子更值钱。小红树长得越大，你还给我的种子就得越多。所以现在你还欠我 2 颗种子。"信用树先生解释道。

"这太**不公平**了。我根本就不知道，我也从来没见过树长得这么快。"阔浣熊说。

"我当时正要告诉你，可你却急匆匆地跑了。你认为我会白白借给你 10 颗种子吗？如果你一个月内不能再还我 2 颗种子，小红树会继续生长，你到时候就会欠我 3 颗种子。"信用树先生说。

阔浣熊简直不敢相信自己的耳朵。他急于拥有自己的财富森林，却失去了原本拥有的一切，现在还欠了信用树先生很多种子。

阔浣熊去找朋友富袋鼠寻求帮助。他把事情原原本本地讲了一遍，做出这种蠢事，他本以为富袋鼠会生他的气。

富袋鼠却说："为了变得富有，或者用你的话说，'为了拥有自己的**财富森林**'，你必须有耐心。我刚到普卡普卡岛的时候，想一夜暴富，结果上了铁铲萨姆的当。他告诉我这里遍地黄金，于是我从他那里买了一把铁铲。现在，我认识到拥有耐心，让树木以自己的速度生长是多么重要。你借种子玩游戏，急于求成，很可能让情况变得更糟，还不如静静等待。我希望你能明白这一点。"

富袋鼠伸出援手，给了阔浣熊一些工作，让他能赚到种子。在小红树长大之前，阔浣熊还清了欠信用树先生的债。

从那时起，阔浣熊就开始努力赚取种子，然后种下种子，耐心等待。虽然过程很漫长，但他最终拥有了自己的财富森林，他对自己的成就感到无比骄傲。

什么是赌博？

"我爷爷说，阔浣熊在输掉那局游戏之后，觉得自己蠢极了。他以为自己能赢，但事实上他和其他玩家获胜的机会是一样的。游戏中最幸运的人将成为赢家。"盖尔说。

盖尔向鲍里斯解释："没有耐心的人听到别人玩游戏赢钱了，就会觉得自己也能赢钱。这就是**赌博**。

"每一个通过赌博赢钱的幸运者背后是许许多多的输家。

"爷爷告诉我永远不要靠运气致富，也永远不要赌博。"

什么是债务？

"那红树呢？故事中的那些红树又代表什么？"鲍里斯问。

盖尔解释道："许多人没有耐心通过存钱去买他们想要的东西，于是就向其他人或公司借钱，他们欠的钱叫作**债务**。

"这些人需要在一段时间内还清这笔钱。他们要还的钱远远超过了他们借的，而大多数人都没有意识到这一点，就像阔浣熊一样，只借了 10 颗种子，但随着红树的生长，他要还的种子可远远不止 10 颗。

"人们偿还借款的时间越长，所偿还的金额就越多。

"没有耐心的人更有可能去借钱或赌博，这让他们变得更穷。这也是许多人不投资的原因。他们想看到自己的钱迅速变多，于是就放弃了投资。所以，我爷爷的第三大财富法则就是：让你的树慢慢生长，**要有耐心**。"

鲍里斯马上说："我能懂为什么人们很难有耐心，就像我，只要一有钱，就会立马把钱花在玩电脑游戏上。我的钱从来就存不住。从现在开始，我要改变这一点。"

"我得回家了。但在回家前，我要问问你，鲍里斯，你记住**财富三大法则**了吗？"盖尔说。

"财富三大法则？我根本不懂你在说什么。"鲍里斯脸上带着困惑的神情答道。

盖尔惊呆了，但她还没来得及开口，鲍里斯就说："开玩笑呢！你真应该看看你那副表情。"他指着盖尔大笑。

"我当然记得这三大法则：

"1. 每得到 10 颗种子就存下 1 颗。

"2. 种下你储存的种子。

"3. 让你的树慢慢生长。"

"别再跟我开这种玩笑，"盖尔笑着说，"我差点对你大吼大叫，怪你浪费我的时间。知道你一直在用心听，我真的很开心！"

"我太喜欢这些故事了。可我还是不敢相信，像我这样的人能变富有。你确定，不是只有聪明的孩子才能变富有？"

"能否变富有跟聪不聪明无关。事实上，许多聪明人认为这**三大法则**太简单了，所以根本不理会。我家里

要种一片森林

你无须

聪明过人

只需要

保持耐心

有一件 T 恤衫，上面印着我爷爷最喜欢的一句话：要种一片森林，你无须聪明过人，只需要保持耐心。

"相信我，只要遵守这三大法则，你就会变得富有。你需要的只是时间。我们明天再聊吧，我接着给你讲爷爷的故事，讲讲消失的种子和**普卡普卡岛**上那场毁了爷爷森林的大风暴。你很快就会比大多数成年人懂得更多的投资知识了！"盖尔继续说。

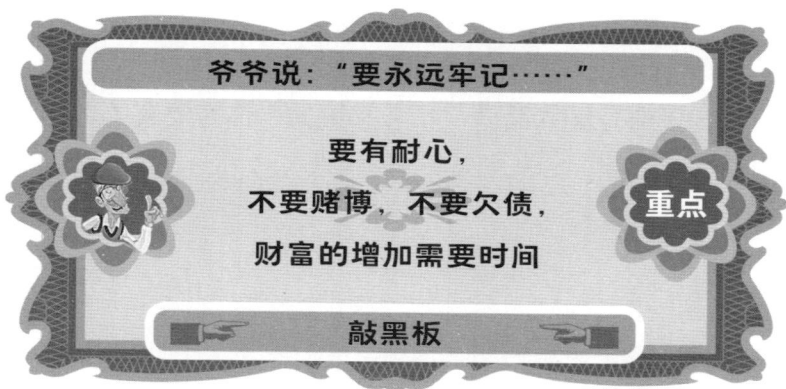

爷爷说："要永远牢记……"

要有耐心，
不要赌博，不要欠债，
财富的增加需要时间

重点

敲黑板

跟你的父母、同学、朋友以及……

你最喜欢的毛绒玩具，讨论一下吧。

为什么在金钱方面保持耐心如此重要呢？谈谈你的看法吧。

爷 爷 的
神 秘 代 码 (8)

回答下面的问题，将正确选项的字母填在第一页的相应位置，来破译代码吧。

为了避免陷入赌博、债务和骗局，你需要有（　　）。

Y. 耐心

R. 运气

T. 财富

Part 4

第四部分

让钱"生长"

投资策略

第九章
消失的种子

税

盖尔去汉堡屋与鲍里斯会合，却不见他的踪影。她又等了一会儿，鲍里斯还是没有出现。

"他看起来是真心想学，可为什么又改变主意了呢？"盖尔心想。

盖尔知道鲍里斯的家在哪儿，于是决定去找他。走到他家附近时，盖尔看到鲍里斯的妈妈正在房子外面。

"您好，达克沃思太太，请问鲍里斯在家吗？"盖尔问道。

"在家，但他被**禁足**了！他不停地跟我们说些胡话，说他要变富了，说我们没有好好理财。我敢说，你肯定不会这样跟你父母讲话，对吧？"达克沃思太太说。

让鲍里斯陷入这样的麻烦，盖尔感到很内疚。

"达克沃思太太，我叫盖尔·菲茨杰拉德。我觉得这都是我的错。我一直在给鲍里斯讲我爷爷杰克·菲茨杰拉德的故事。看起来，他有点兴奋过头了。我真心相信他是想帮你，只是他的做法有点粗鲁。"盖尔说。

达克沃思太太说："你是**大富豪杰克·菲茨杰拉德**的孙女，你跟我们家鲍里斯是朋友？"她简直要惊掉下巴。

盖尔回答说："是的。我们是好朋友，我们没准还要一起创业呢。"

"我不知道该怎么说。你跟他的那些朋友不一样，我希望你不是在给他灌输什么不切实际的想法。**我们家跟你们家可不一样**，我们没什么钱。鲍里斯的学习成绩也不好，所以我希望你别让他异想天开，以为自己能成为有钱人。他永远都不会成为有钱人！除非他走大运，中彩票！"达克沃思太太说。

"我爷爷小时候，家里也没什么钱。我很幸运，爷爷一直在教我有关金钱的知识，现在我正努力帮助鲍里斯。他真的很想学。求你了，让我见见他好吗？我保证不会让他异想天开，保证他再也不会像那样跟你讲话了。"盖尔说。

"我想我会同意的，但他还是不能离开家。你得进去跟他聊。"达克沃思太太说。

盖尔走进鲍里斯家，达克沃思太太扯着嗓门，喊他从卧室出来。**"鲍里斯！"**

盖尔四处看着，发现鲍里斯家很气派，有大电视、舒服的真皮沙发，还有一些随处可见的度假照片。"我以为他们一丁点钱都没有。"她自言自语。

鲍里斯从楼上的卧室走下来，一脸怒气。

"抱歉，我不能再跟你见面了。我妈妈就是个**坏巫婆**。我想帮她，她却把我关在家里！"鲍里斯说。

"别担心，鲍里斯。你不应该这样说你妈妈。我确定她非常爱你。我听说，你指责她乱花钱，把钱都花在没用的地方。"盖尔说。

"我的爸爸妈妈根本就不遵守你说的**财富三大法则**。你看，他们赚了不少钱，可全都花光了。我想告诉他们，他们应该改变。结果他们非但没有感谢我，还把我关在家里。太不公平了。"鲍里斯说。

"人人都不喜欢听别人指责他们做错事。可能，你父母从小到大都没人教过他们怎么理财。所以，你说他们没有遵守财富法则时，他们很可能就会感到不安。最好的办法就是，向他们证明你会理财，然后帮助他们。从现在开始赚钱，存钱，让他们开一个投资账户，这样你就可以进行投资了。"盖尔回答道。

"我想你是对的……我希望他们学会理财，这样他们就不会再为钱**争吵**了。"鲍里斯说。

"你有没有空听听爷爷是教我怎么投资的？"盖尔问道。

"这还用问吗！"鲍里斯说道，脸上又露出了笑容，"我已经在考虑我想投资的所有公司了！"

盖尔继续说，在考虑要投资哪些公司之前，首先要尽量确保自己的投资不会赔掉本钱。

盖尔接着给鲍里斯讲爷爷在普卡普卡岛上的不同地点播种的故事。

消 失 的 种 子

爷爷在普卡普卡岛时，会在岛上两个不同的地点播种种子。过了一阵，他发现，其中一个地点的树要远远多于另一个地点。

他想不通为什么会这样。他种下的种子数量相同，种类相同，播种时间也基本相同。

起初，爷爷认为，这是因为两个地点相距很远，所以天气略有不同。但是，天气上的差异似乎不足以让树的数量相差这么大。

爷爷困惑极了。他坐在地上，思考自己怎样才能找到原因。他抬头望着自己的树，被树上鸟儿美妙的歌声迷住了。

♪啾啾 ♪啾啾 ♪啾啾♪

这简直就是一首动听的歌曲。爷爷侧耳聆听了好几个小时。

第二天，爷爷继续寻找原因，想知道为什么树的生长情况不同。他检查土壤，但土质没什么不同。可接下来，他注意到其中一个地点的地面有隆起的小土包。他走近观察，发现他种下的一些种子**不见**了。有人挖走了爷爷的种子。

爷爷气坏了，他在岛上四处打听，看看到底是谁挖走了他的种子。可他一无所获。他甚至躲在树后，准备把进入树林挖种子的人当场抓获。可几天过去了，他连一个人影儿都没看到。

一天，他坐在一棵树旁思考，这时他想再听听鸟儿动人的歌声。但是，这里没有鸟儿的叫声。爷爷心想："**鸟儿都去哪儿了**？"就在这时，他突然意识到，上次听到鸟儿叫是在岛上树较少的那个地点。"一定是那些鸟儿！"爷爷喊道，"一定是它们带走了我的种子！"

爷爷起身跑到另一处森林，就是他之前听鸟叫的那片森林。

正如爷爷所料，他又听到了鸟儿的歌声。果然，当靠近观察时，他可以看到它们正在吃他的种子。

而岛上的另一处地点，**鸟儿**没有吃掉种子，这就意味着那里可以长出更多的树。

爷爷以前从未见过这些鸟儿，所以他又去仔细观察它们。起初，他想尽各种办法，想把这些鸟儿赶走，比如制造噪声。但接下来，他明白了鸟儿这样做的意义。

爷爷惊奇地发现，鸟儿带走种子是为了帮助森林里的其他动物。它们不仅从他的森林里带走种子，还从许多不同的地方带走种子。

爷爷在岛上没有鸟儿的那一边种下了更多种子，很快，那边就长出了更多的树，远远超过从前。

什 么 是 税？

盖尔紧接着告诉鲍里斯，爷爷就是用这个故事教给她什么是税。爷爷总是把税称为"**吞金鸟儿**"。

盖尔解释："政府要求公民为自己赚的钱和拥有的财产纳税。政府用这笔钱来建学校、修路和帮助有困难的人。她说这有点像吞金鸟儿帮助其他动物。

"政府希望人们纳税，但同时也希望人们储蓄，所以政府允许人们把钱存起来，投资到不用纳税的地方。

"你播种种子的时候，最好把它们种在没有吞金鸟儿的地方。投资也是同样的道理。你决定投资时，要学会把钱投资在政府允许你不用纳税的地方。这就意味着你的钱有最大的增值空间。"

"**太棒了**！我一定会把钱投资在没有吞金鸟儿的地方，我是说，不用纳税的地方。"鲍里斯说。

盖尔笑了笑，说："我就知道，爷爷用树和吞金鸟儿来做比喻，会让人很容易记住！我还有一些爷爷在森林里发生的故事，我会讲给你听，让你轻轻松松就能理解什么是投资。我先给你讲讲席卷普卡普卡岛的大风暴吧。这场风暴几乎让爷爷前功尽弃，一无所有。"

爷爷说："要永远牢记……"

如果要投资，
请确保你的钱不会被
吞金鸟儿（税）吃掉

重点

敲黑板

跟你的父母、同学、朋友以及……

某个有名的流行歌星，讨论一下吧。

纳税是一件好事还是坏事呢？谈谈你的看法吧。

爷爷的
神秘代码 (9)

回答下面的问题，将正确选项的字母填在第一页的相应位置，来破译代码吧。

政府征收的用于建学校、医院和修路等的钱，叫（　　）。

W. 养老金

M. 善款

R. 税

第十章
风暴

风险

　　"盖尔，你要看一下我想投资的公司清单吗？我以前总是把所有的钱都花在电脑游戏上，所以我想投资电脑游戏公司。当然，还有汉堡屋……"鲍里斯正要把清单上的公司都念一遍，但盖尔打断了他。

　　"我当时就像你一样，想到自己要投资的那些公司就非常兴奋。我也列出了一张清单，上面是一些玩具公司和我最喜欢的连锁餐厅。但爷爷给我讲了**大风暴**的故事，这场席卷普卡普卡岛的大风暴完全改变了我对投资的看法。"

大风暴的故事

普卡普卡岛上一个叫卡伊的农民引起了岛上所有人的关注。他种了一种大家都不熟悉的树——金斯利树。他的金斯利树在一年内长得飞快，结出的果实也最多，其他树都比不上它。

现在岛上的人都叫他金斯利·卡伊，人们纷纷赶来找他买种子。大家都想种植金斯利树，还不停地告诉爷爷，他们亲眼看到金斯利·卡伊的树长得飞快，他也应该买些种子。

爷爷想不通为什么金斯利树长得这么快，所以他决定从金斯利·卡伊那里买些种子，但他买的数量很少，以防这是另一个骗局。

其他人为了种植金斯利树，把长得慢的树全部砍光。他们都说：**"我们要像卡伊一样，拥有最高大的树！"**

一天又一天，一个星期又一个星期，金斯利树的确飞速生长，把其他树远远地甩在后面。然而，一夜之间，一切都变了。普卡普卡岛遭遇了有史以来最大的风暴。

哗啦！咔嚓！轰隆！

风暴造成了巨大的破坏。大部分树都难逃厄运，有的被拦腰折断，有的被连根拔起。房屋倒塌，树上的果实也被刮到了海里。

爷爷花了那么多时间和精力种植森林，如今的结果让他沮丧极了，他的森林变得一片狼藉。

风暴刚一结束，爷爷就冲向森林，看看还剩多少树。许多树都严重受损。他去查看金斯利树时，发现它们消失得无影无踪。风暴将金斯利树连根拔起，吹入大海。

爷爷觉得自己很幸运，他没有把所有树砍掉，只种金斯利树。金斯利·卡伊和其他人的森林已经被夷为平地，失去了原来的一切。

这场风暴让爷爷知道，有些树更容易受损，虽然他不知道原因是什么。他很庆幸自己种了许多不同种类的树。风暴过后，爷爷再次播种时，他种下了尽可能多的不同种类的种子。

爷爷很庆幸自己这样做了，因为不可思议的事情发生了。爷爷种的树中有一种叫作**兔爪**的树生长迅速。而风暴发生之前，这只是一种平平无奇的树，从来没有长得这么快。现在，兔爪树生长速度加快，结出很多果实供爷爷出售。爷爷想种更多的兔爪树，但他没忘记卡伊的金斯利树是什么下场。如果他种了许多兔爪树，之后

也遭遇类似的不幸呢？"我宁愿要数量少种类多的树，也不愿要大量同一种类的树。"爷爷说。

爷爷的森林不断生长，几年之后，面积已经远远超过风暴发生之前。

盖 尔 对 风 险 的 解 释

"这就是你今天穿这件 T 恤衫的原因！"鲍里斯指着盖尔的 T 恤衫说。她的 T 恤衫上印着"**风暴过后，树木会更加茁壮**"。

"好眼力！"盖尔笑着说。

盖尔随后告诉鲍里斯："关于投资，你还需要知道一件很重要的事情，那就是有时会有'风暴'。这意味着你投资的钱有时不会持续增长，实际上，有时你的钱还会比投资前更少——就像树木在**风暴**中折断。"

盖尔说，父母刚开始帮她投资时，一种病毒正在世界各地肆虐。为了阻止病毒传播，人们不得不待在家里。人们待在家里，就不会把钱花在她投资的各种公司上。人们不能出去买汉堡，**汉堡屋**也就没有以前赚钱，这意味着她投资在汉堡屋的钱亏本了。

"投资赔了钱，让我很难过，但是爷爷告诉我，我并没有赔钱。'只有你彻底放弃、停止投资，才会赔钱。只要你不放弃，情况就会好转，就像树木会在风暴后重新生长一样。'他说。

"事情果真如爷爷所说。病毒得到控制后，人们又走出家门消费。像**汉堡屋**这样的公司便开始赚更多的钱。我很庆幸自己在疫情期间没有停止投资！"

"盖尔，你都投资了哪些公司？"鲍里斯问道。

"你瞧，我开始只想投资清单上的那几家公司，但这些公司可能会破产，我会亏掉所有

尽管会有"风暴"，股票市场却始终在看涨。

的钱，就像卡伊的金斯利树在风暴中消失得无影无踪一样。所以，我投资了几千家不同的公司。"盖尔说。

"可能**破产**，是什么意思？"鲍里斯问道。

百视达公司① 破产

盖尔给鲍里斯讲了百视达影音租赁公司的故事，这可是一个真实的故事。"百视达公司是个像图书馆一样的地方，但人们来这里借的不是书，而是电影。人们会花一小笔钱租一部电影，电影就'装'在一个小盒子里，他们管这个小盒子叫录像带。人们会把录像带放入一台机器，在自己家的电视机上观看电影。"

百视达影音租赁®

"怎么可能！我们父母小时候也太惨了吧。竟然不能从电视上直接选一部电影，简直难以想象。"鲍里斯说。

"没错！"盖尔回答道。她告诉鲍里斯："我们现在

_____

① 美国一家老牌影音租赁连锁店。

可以直接从电视上挑选电影，所以没有人再去百视达。百视达没钱可赚，就倒闭了，他们管这叫'**破产**'。所以，投资百视达的人赔了钱。"

"也许有人会告诉你，某家公司会让你赚更多钱，但其实没人真的知道，就像没人知道爷爷的兔爪树会茁壮成长，卡伊的金斯利树会消失一样。所以最好的办法就是在许多不同的公司都投资一点。这就叫**多元化**。"盖尔说。

"我不确定我能否投资几千家公司，我可没你那么有钱。"鲍里斯说。

"实际上，就算你的钱很少，你也可以像我一样。我父母把我要投资的钱交给了一家投资公司。他们通过**投资基金**，替我们把钱投资到世界各地的几千家公司。每个月我们都会向这个投资基金投入更多的钱。就像爷爷的森林一样，我们现在有很多不同种类的树在生长。"

"这听起来太简单了！"鲍里斯说。他发觉自己在跟着盖尔学习许多不同的理财知识时，几乎都说过这句话。

"是的，虽然大多数人都认为投资很难，但如果不用为投资哪些公司而犯愁，投资就变得容易多了。选好某只基金，将钱投进去，然后我们的钱就会被分散投资给许多公司。把钱投入你精心挑选的基金，你就会比大多数人做得棒。"盖尔说，"现在，让我再给你讲个爷爷给我讲过的故事吧，故事的名字叫作'懒惰先生的树'！"

爷爷说："要永远牢记……"

你投资的钱有时候会变少，

但假以时日，

就会"生长"到比从前更多，

就像风暴过后的树；

重点

投资许多不同的公司，

因为没人真正知道将来哪些公司会赚钱，

哪些公司会破产

敲黑板

跟你的父母、同学、朋友以及……

智能助理或搜索引擎，讨论一下吧。

为什么有的公司能赚钱，而有的公司却不能呢？

爷爷的
神秘代码 (10)

回答下面的问题，将正确选项的字母填在第一页的相应位置，来破译代码吧。

投资许多公司，以防某一家公司破产，叫（　　）。

口. 多元化

I. 风险

U. 回报

第十一章
懒惰先生的树

FORTUNE

投资策略

　　盖尔正准备再给鲍里斯讲一个有关爷爷的传奇故事，这时鲍里斯却被其他事情吸引了。"你的耳机太棒了！是新买的吗？"他问道。

　　"是的，为了买这副耳机，我可是攒了好一阵钱呢。当我终于攒够钱时，我兴奋得不得了。"盖尔回答说。

　　"你为什么不用你投资的钱，早点买呢？"鲍里斯问道。

　　"我投资的钱是为了长期增值。在我长大之前，**我绝不会碰那些钱**，就像爷爷在他的森林长成之前绝不砍树一样。"盖尔说。

　　盖尔继续说："还记得吧，我每赚 10 美元，就至少要存下 1 美元（**第一大财富法则**），所以我还有很多钱可以消费或用来帮助别人。如果没有足够的钱去买我想要的东西，那我就等上几星期，直到攒够了钱。这让我学会要有耐心（**第三大财富法则**）。"

"说得真棒。我也要学会有耐心。你快给我讲讲**懒惰先生**的故事吧。他听起来是个跟我差不多的家伙。"鲍里斯开玩笑说。

懒 惰 先 生 的 树

一转眼，爷爷和**阔浣熊**的森林已经种下了很多年，他们希望自己的森林与众不同，想要种出参天大树。

可问题是，他们不知道怎样才能让树木长得更高大粗壮。砍掉残枝吗？在泥土里放特殊的养料吗？每天去照看他们的树吗？

爷爷和阔浣熊决定找到全岛最高大的树，问问树的主人，他究竟做了什么才让树长得如此高大。

他们找了好多天，终于找到一片**异常高大**的树木，这里的树比周围的树要高得多。爷爷和阔浣熊仰望着大树，不禁赞叹起来。这时，一个人牵着狗从旁边经过。"请问，你知道这些树是谁的吗？"阔浣熊问道。

"是鲁滨孙先生的。不幸的是，他7年前就去世了！"这个男人答道。

没法知道鲁滨孙先生的秘诀，爷爷和阔浣熊感到很失望，他们决定继续寻找。

又过了几天，他们找到另一片高大的树木。它们虽不及鲁滨孙先生的树高大，但也让人眼前一亮。他们赞赏着这些树，这时又有一位路人经过，他们便问他，这些树是谁的。路人告诉他们，这些树应该是村里茶点店老板里德利女士的。于是，他们决定去店里找里德利女士取取经。

他们点了一壶热茶和一块蛋糕。里德利女士给他们上餐时，他们便问起了树的事。

"我的树？我的什么树？"里德利女士问。

"我们听说山上的那些树是您的！"爷爷解释道。

"哦，没错，我都忘到脑后了。那是我很多年前种的。你们为什么会提起那些树呢？"她问道。

他们回答说，他们想知道她的种树秘诀。可她甚至已经把这些树忘到脑后，他们恐怕也学不到什么，于是就付了茶点钱，离开了。

尽管爷爷和阔浣熊从前两个人那里一无所获，但他们还是下定决心继续寻找种出**参天大树**的秘诀。

他们又踏上了寻树之旅，终于有一天，他们遇到了有生以来见过的最高大的树木。他们都希望能够找到树的主人，学会种树秘诀。

为了寻找树的主人，他们来到一个村子。当地警察告诉他们，这些树是懒惰先生的，他家离这儿就几步远。就要发现种出参天大树的秘诀了，他们兴奋极了，向懒惰先生家冲去。

他们敲了敲门，没人回应，又敲了一次，还是没人回应。他们本打算放弃，但还是想再试最后一次。这时，他们听到屋后的花园里传来一个声音——**"你们要干什么？"**

"我们想跟您聊聊您种的树！"爷爷和阔浣熊答道。

"好吧，你们自己推门进来吧。我在花园里，不想从我的吊床上起来去开门！"

爷爷和阔浣熊穿过房子，走进花园。"很高兴见到您，**懒惰先生**！"

"要知道，我的名字不是懒惰先生，只是村里的人都这么叫我！"

"**很抱歉**。我们想向您咨询一下，您的树长得这么高大，有什么秘诀吗？不知道您愿不愿意告诉我们？这样我们就也能像您一样，种出参天大树。"

"没问题，但也没太多经验可说。"懒惰先生回答道，"许多年前，我刚开始种树的时候，本打算尽我所能照看它们，看到帕特尔女士给她的树上一种特殊的养料，我甚至也买了一些。但我正要去给树上养料时，我的鞋子找不到了。等找到鞋子时，我早把树的事忘得一干二净了。"

几个月后，人们纷纷传言即将有一场大风暴来袭。村里有些人为了保护自己的树，就把一些树枝砍掉，这样树就会更结实。我也打算这么做，但我睡得正香，况且外面又很冷，就没有行动。结果呢，根本没有什么风暴要来，我的树也好好的。"

"那当岛上有大风暴的时候呢？你做了什么吗？"爷爷问。

"什么都没做。我打算把折断的树枝砍掉，但我找不到斧子，所以我干脆待在家里。但我这么做就对了，那些树长得比从前更高大粗壮。"

爷爷惊呆了:"你是说,周围的人都忙着照看自己的树时,你却一直待在家里,什么也没做?!"

"没错,我就是什么也没做!"

爷爷和阔浣熊都感到很生气,懒惰先生简直是在浪费他们的时间。

他们再次出发,去寻找其他的参天大树。阔浣熊说:"我们的运气真是糟透了!我们遇到的所有人都没告诉我们种出参天大树的秘诀,实际上,他们根本就是什么都没做!"

"这就是秘诀!"爷爷突然叫道,"种出参天大树的秘诀就是什么都不做!我们一直在寻找应该采取的行动,但那些种出参天大树的人却什么都没做,只是让树自由生长。不管有没有风暴,他们都什么也不做。我们就应该这样种树!**什么都不做!**"

于是,他们就什么也不做,任由自己的森林自由生长。即使风暴刮掉树冠,他们也会回想起曾经遇到的人,什么都不做。他们不采取任何行动,树不断在风暴中被折断,但很快就长得比从前更加高大粗壮。

"谁能想到最好的策略也是最简单的策略!"阔浣熊说。

人 们 常 犯 的 投 资 错 误

"事实上，如果你把钱放在投资基金里，什么都不做，你最终就会比大多数投资者收益更高。你瞧，大多数投资者都努力猜测'风暴'什么时候会来，或者猜测哪个公司赚钱最快。他们想得越多，投资增长的可能性就越小。最难的就是股票下跌时，什么都不做。这就像你的树将要毁于**风暴**，而你却要袖手旁观一样。"盖尔解释道。

"谁能想到天生懒惰竟然能帮我赚钱！"鲍里斯笑着说。

这时，盖尔和鲍里斯注意到鲍里斯的妈妈正站在他们身后。

一开始，鲍里斯还很担心妈妈听到了他们的对话，因为他确信妈妈绝不会让他投资。

"盖尔，我一直在听你讲故事。**这些故事太棒了。**我对投资一窍不通。我只听过有人投资赔钱。但照你说的，投资很简单。"她继续说道，"鲍里斯，如果你真的赚到了钱，那我很乐意花点时间开个投资账户，这样你就可以投资，让你的钱增值。"

鲍里斯惊得目瞪口呆："**真的吗？** 你会开一个投资账户，让我投资？"

"是的，我会这么做。鲍里斯，很抱歉把你关在家里。你是想帮忙，但你知道，你爸爸和我不爱提钱。我们从没学过理财，钱也似乎永远不够花，这让我们很焦虑。所以，当你昨天想帮我们时，我根本不愿意聊这个话题。也许，我们可以跟你、盖尔，还有盖尔的爷爷学学理财。鲍里斯，我会跟你爸爸谈谈，我和你爸爸很可能也会存些钱，开始投资。我一直以为，只有聪明人才能投资。现在我明白了，投资需要的不是聪明的头脑，而是耐心！"

鲍里斯妈妈的这番话让盖尔感到很开心，但她接下来说的话却让盖尔很担心。

爷爷说："要永远牢记……"

一旦选择投资，最佳策略就是顺其自然，什么都不做

重点

敲黑板

跟你的父母、同学、朋友以及······

沃伦·巴菲特，讨论一下吧。

（如果你不知道巴菲特是谁，就上网百度一下吧。）

为什么投资时，人们很难做到顺其自然，"什么都不做"呢？谈谈你的看法吧。

各位家长：如果您想为自己的孩子开设一个投资账户，以下是一份简单的指南：

www.bluetreesavings.com/guide

爷 爷 的
神 秘 代 码 （11）

回答下面的问题，将正确选项的字母填在第一页的相应位置，来破译代码吧。

你种下种子（或投资）之后，最好的做法就是（　　）。

I. 树一长大就砍掉。

E. 把种子挖出来，移到别的地方。

Y. 什么都不做，任你的树自然生长。

第十二章

最佳树木
大赛

房子不是资产

鲍里斯的妈妈说:"如果我们投资,也许最终就会有足够的钱去买一幢大房子,就像路尽头琼斯家那样的大房子!"

这让盖尔想起了爷爷给她讲的小个子蒂娜的故事。这个故事会让鲍里斯的妈妈知道,搬到大房子或许不是最好的打算。她想把这个故事讲给她听,但又不想让她感到不安。

盖尔想了一会儿,说道:"达克沃思太太,您现在的家就很温馨。您愿意听爷爷的投资故事,我很高兴。**我可以再给您讲一个吗?**故事里的人跟您有同样的愿望,她虽然没有实现这个愿望,但现在却过得很开心。"

"当然可以了，我很想再听听你爷爷的故事。我要向他多多学习！"达克沃思太太回答。

盖尔接着给鲍里斯和他的妈妈讲了小个子蒂娜和最佳树木大赛的故事。

最 佳 树 木 大 赛

从前，有一位名叫小个子蒂娜的女士，她种下了自己的树，那是一棵漂亮的紫树。紫树最大的优点就是特别高大，大到可以供人居住。这让它从岛上的各种树中脱颖而出，与众不同。

一天，小个子蒂娜看到一则告示，上面写着：

最佳树木大赛

她迫不及待地想要参加比赛，因为她的紫树很让她骄傲。

比赛当天，参赛者们到岛上各处去观赏入围的各种树木，有没头脑苏珊的蓝树，种树人托尼的黄树，还有包租公鲁滨孙一家的紫树。

评委们仔细观察了所有参赛的树，最后做出了决定。遗憾的是，蒂娜没能赢得比赛。事实上，她是**倒数第一名**。

小个子蒂娜伤心极了，她觉得输掉比赛是因为自己第一次参赛，而且树也不及别人的高大。她告诉自己，她要让自己的树变得更棒，这样她明年就有更大概率获胜。

接下来的一年里，小个子蒂娜的紫树越长越大。她甚至剪掉了一些树枝。她很**喜欢**紫树现在的样子，觉得自己的紫树一定能在比赛中脱颖而出。她现在只想住在紫树上，并且觉得住在哪儿都不如住在这儿。

小个子蒂娜出现在赛场上，又见到了去年的老对手。他们的树木也长得更加高大了。

评委们四处观察了所有参赛的树，他们问小个子蒂娜："你是住在自己的树上吗?"

"是的，我就住在树上!" 小个子蒂娜骄傲地回答。她等待着比赛结果，一想到自己可能获胜，就兴奋不已。

评委们宣布了比赛结果。遗憾的是，小个子蒂娜的紫树又是倒数第一名! 小个子蒂娜心想："**这怎么可**

能？我绝不会放弃！"

接下来的一年里，小个子蒂娜的树不断长高。她读了许多杂志，学会将自己的树木装点得更加美丽。她卖掉一些储存起来准备过冬的水果，用赚来的钱在树下建了一个漂亮的花园，花园不但有一道精致的篱笆，还有一个小池塘。

小个子蒂娜又一次参加了比赛，和去年一样，其他参赛的树也长高了，但它们周围可没有漂亮的花园。只有她的树下有花园，她觉得自己这次赢定了。

评委们又来问她："你还住在树上吗？"

"是的，我非常喜欢这棵树，我只想住在树上！"小个子蒂娜答道。

比赛结果公布了，令蒂娜震惊的是，她……**又是倒数第一名！！**

小个子蒂娜伤心极了，她不明白为什么自己老是倒数第一名。她找到一位评委，想问问为什么她卖掉所有的果子，在树周围建了漂亮的花园，却还是得了最后一名。

评委解释说："你的**紫树**又高大又漂亮，可以说是比赛中最美的树，但我们的评比标准不是树有多高大或多漂亮，而是看树结了多少果子。要知道，你的树很漂亮，可你住在树上，紫树就没法结果子。实际上，你卖掉准备过冬的其他果子建了花园，导致你的得分比去年还低。而参赛的其他树都长高了，也结出了果子。"

"那包租公鲁滨孙家的紫树呢?"小个子蒂娜问道。

"鲁滨孙一家不住在自己的紫树上，他们让其他人住在树上，而这些人给包租公鲁滨孙果子作为交换。所以，他们家的紫树也算产了不少果子。"评委说。

小个子蒂娜很**失望**，她没有搞清楚，比赛的重点不是她的紫树有多高大或多漂亮。这时，她才意识到，为了让自己的树变得更美，她卖掉了许许多多的果子。

起初，小个子蒂娜想过不再住在她的紫树上，这样她的树就能结果实了。然而，她非常爱这个家，并不想搬家。

最终，小个子蒂娜决定继续住在紫树上，毕竟这里就是她的家啊。她对自己说："从现在起，我不会再用任何果实来装点我的紫树。**它现在的样子就很好啊!**"

然后，她在没有被卖掉的果实中取出一些种子，种在地里，这些种子长成了不同种类的树，其中有几棵蓝树。在接下来的几年里，蓝树越长越高。她用这些蓝树

温馨的家

参加了"最佳树木大赛",还获得了一项大奖:

结果实最多的树!

现在,小个子蒂娜有一棵可以居住的漂亮的紫树,还有许多可以结果子的树。她帮助岛上的其他人了解比赛规则,免得他们用光所有的果子去换一棵可以居住的高大的紫树。

盖尔说,房子不是资产

"达克沃思太太,我想给您讲这个故事,是因为您提到想买一幢更大的房子。大多数人都像故事中的小个子蒂娜一样,认为大房子是财富的象征,但大房子价格更高,会花掉您更多的钱。"盖尔说。

"**这我倒是从没想过。**也许,我应该跟我丈夫谈谈。如果我们不换大房子,把钱投到股票市场,我们就可以早点退休,周游世界。"达克沃思太太说。

"听起来真是个好主意。如果您进行投资,就是在购买资产。渐渐地，您就会收到回报，钱包鼓鼓。"盖尔说。

"非常感谢你教我和鲍里斯理财知识，我真希望年轻时有人教过我这些！"达克沃思太太说。

"我会很快再见到你吗？我有一个好主意，我们可以一起做个新生意。"鲍里斯说。

"当然了。下星期六，我们**驴子保护区**见。"盖尔答道。

"为什么要在驴子保护区？"鲍里斯问道，"我这样的酷小孩可不想在驴子保护区里遇到熟人，那太傻了！"

"还记得我爷爷刚到普卡普卡岛时，遇到了骗他买铲子的铁铲萨姆吗？我想给你讲一个有关他的故事。驴子保护区就是讲这个故事的好地方。下星期六你就知道为什么了。"盖尔拿起背包准备离开。

爷爷说："要永远牢记……"

不要花光所有钱

去买房子，要确保留出

一些钱进行投资

重点

敲黑板

跟你的父母、同学、朋友以及······

最后一个和你通电话的人，讨论一下吧。

为什么长大后，不能把所有钱都花在房子上呢？谈谈你的看法吧。

爷爷的
神秘代码 (12)

回答下面的问题，将正确选项的字母填在第一页的相应位置，来破译代码吧。

（　　）会渐渐地让你收到回报，钱包鼓鼓。

Y. 债务

R. 新家具

N. 资产

Part 5

第 五 部 分　**帮助他人**

慈善

第十三章
铁铲萨姆
和快乐精灵

FORTUNE

慈善

　　鲍里斯很高兴能再次见到盖尔。他想到一个创业新点子，迫不及待地想要跟她分享。他还有一些其他令人兴奋的消息要告诉她。

　　鲍里斯看见盖尔在驴子保护区的入口等他，就快步跑过去，要跟她分享好消息。"你绝对猜不到发生了什么！我爸爸妈妈开通了一个投资账户。从现在开始，我就可以用攒下的钱投资了！亿万富翁，我来了！"鲍里斯兴奋地说。

　　"太棒了！你要遵守**财富三大法则**，这样你的财富森林就会在不知不觉中长大！"盖尔说。

　　"我们为什么要到这儿来？"鲍里斯问道。就在他说话的时候，他抬头看见入口上面有一块大牌子：

**菲茨杰拉德
驴子保护区**

"这个驴子保护区是你爷爷的吗？"盖尔还没来得及回答他上一个问题，鲍里斯就又马上问道。

"不是他的。以他的名字命名是因为多年来我的爷爷奶奶一直给这个保护区捐款。"

"我总是听说，你和你的家人给别人捐款。我觉得这很蠢。你们不是应该把钱存起来，让自己变得更富有吗？"鲍里斯问道。

"我以前也是这样想的，直到有一天，爷爷给我讲了阔浣熊与他的朋友铁铲萨姆在**普卡普卡岛**相遇的故事。听了这个故事，我就想像我的爸爸妈妈和爷爷奶奶一样，用自己的钱去帮助他人。"盖尔说。

铁铲萨姆和快乐精灵

阔浣熊明白了种植财富森林的重要性，许多年后，他终于拥有了自己的财富森林。他开心极了，他可以把结出的果子拿到市场卖钱，再也不必整天挖金子了。

如今，阔浣熊有钱了，他觉得他得给自己买些漂亮衣服，要穿得像过去在岛上发现金子时那样气派。

于是，他去了米利耶服装店。他试穿衣服时，**铁铲萨姆**走了进来。

阔浣熊和萨姆过去的交情很不错。多年来，他们都是岛上非常有钱的人，总是穿着最帅气的衣服，吃着最精致的美食。所有人都想像他们一样有钱。可之后，阔浣熊就找不到金子了，变得一无所有。

"阔浣熊，再见到你真是太棒了，"萨姆说，"你试穿的这套衣服真不错！你又变成了有钱人，我真替你高兴。不如，我们今晚到以前常去的那家豪华餐厅美餐一顿吧！"

阔浣熊过去经常光顾的那家餐厅和吃过的**各种美味**，又在他的脑海中浮现出来。他心想，自己现在已经可以靠卖果子赚钱，再去吃一顿也没什么大不了的。

"好的……再去吃一顿也不错。晚上见！"阔浣熊说。他付了买衣服的钱，离开了服装店。

那天晚上，阔浣熊穿上新衣服，走到餐馆所在的村庄。

当阔浣熊走过面包店时，面包师比尔说："啊，**这双新鞋看起来棒极了**。真希望我也能买得起一双这样的鞋。"

"嘿，阔浣熊，我**爱**死你的夹克衫了，穿起来可真帅气！"村里一位认识他的女士说道。

阔浣熊喜欢听大家夸奖他的新衣服，这让他回想起了从前发现大笔金子的时光。

他走进饭店，看见萨姆坐在餐桌旁。他们聊起了过去的各种趣事，吃了一顿美味大餐。阔浣熊已经有好几年都没尝过这样的美味了。

"**走吧**，我们去村子里转一圈，让大家都看看我们的新衣服。我就喜欢被大家羡慕的感觉。我们拥有的就是他们梦寐以求的。"萨姆说。

他们在村子里四处散步，大家纷纷称赞他们的衣服。然而，阔浣熊总觉得哪里不对劲。他并不想炫耀，而是想停下来，和大家**分享**他从爷爷那儿听来的故事，这样其他人也能变得富有。那天晚上，阔浣熊根本没睡好。

第二天，萨姆到阔浣熊家来找他，但他并不在家。萨姆正要离开，却看见阔浣熊回来了。

"嘿，萨姆。今天过得怎么样？我一直忙着帮村里的人修补屋顶，最近那场风暴把他们的屋顶都掀翻了。"

"过得挺好。我刚才看了看你的房子，**实在太小**了。你打算什么时候搬到你以前住的那种大房子里去？"

"我喜欢这座房子，我并不需要大房子。"阔浣熊回答。

"好吧，可你至少有钱买漂亮衣服，吃美味大餐吧。我们昨天过得很开心，今天再去买衣服，吃晚餐，怎么样？"萨姆说。

"萨姆，今晚不行。昨天吃得很开心，但今天我打算把钱拿去帮村里的人修补屋顶。"阔浣熊回答说。

"**真的吗?!** 你为什么要帮他们？你辛辛苦苦赚来的钱，应该花在自己身上才对！"萨姆说。

"我以前也这么认为，可现在我想帮助别人。听大家夸赞我们的新衣服的感觉很棒，但帮助别人的感觉更棒。下午，我要去学校教孩子们种植自己的财富森林，我希望他们都能种出果实，然后拿到市场上卖，这样他们也能买漂亮的衣服，也能帮助别人。"阔浣熊说。

"萨姆，你如果愿意，可以跟我一起去。我觉得你或许也想听听，我从朋友**富袋鼠**那里学到了什么。等到人们发觉岛上已经没有金子，他们就不会再买你的铁铲，你也就不会这么有钱了。"阔浣熊对萨姆解释道。

萨姆一同去了学校，听阔浣熊给孩子们讲故事。这真的让他想了很多。他觉得自己应该开始种植财富森林，不想再欺骗大家，让他们相信岛上有金子，从而购买自己的铁铲。

经过和阔浣熊的一番讨论，萨姆决定只把铲子卖给农民和岛上想要种植森林的人。他知道有些人买不起铲子，于是决定每卖出 10 把铲子就免费赠送 1 把，送给那些买不起铲子的人。

几个月后，阔浣熊和萨姆又见面了。萨姆说："帮助那些人种植自己的财富森林，感觉**太棒了**。他们反过来也耐心地教我种植森林的最好方法。我以前从没发觉人们这么善良！还有，我从来没有像现在睡得这么香。"

"我的朋友告诉我，当你帮助别人时，**快乐精灵**就会降临关照你。它们会让你生活得更快乐，包括你说

的，让你睡得更香。"阔浣熊说。

一天，一个小男孩走到萨姆和阔浣熊面前，对他们说："几年前，我想像你们一样有钱，整天穿漂亮衣服，吃好吃的东西。而现在，我想像你们一样，尽我所能帮助更多我能帮助的人。"

"这是我听过的最棒的赞美！"萨姆对男孩说。

盖尔说慈善的益处

"我喜欢给驴子保护区捐款，我也愿意花时间来这儿照顾那些可怜的动物。如果没人帮助它们，它们就会吃不好，住不好。"盖尔解释说。

盖尔继续说："帮助别人，我自己也感觉很棒。你瞧，故事里的**快乐精灵**就是爷爷在用自己的方式告诉阔浣熊，帮助别人时，身体会发生什么变化。你做好事时，体内就会产生一种令你感觉良好的东西。这种东西叫作**催产素**。它不仅能使你心情好，还会让你身体更棒，睡得更香。所以，做慈善不仅是在帮助他人，也是在帮助自己！"

"啊！我的时间都花在玩电脑游戏上了，而你却做了这些了不起的事情。我现在没什么钱做慈善，但我很愿意以后和你一起来这里帮忙，特别是这里的人比我想象中的酷多了。他们不是书呆子。"鲍里斯说。他现在明白，盖尔其实喜欢当个"书呆子"。

"太棒了。现在，给我讲讲你的创业计划吧。我真的很想听。"盖尔说。

爷爷说："要永远牢记……"

捐钱帮助别人，
也是在帮助你自己

重点

敲黑板

跟你的父母、同学、朋友以及……

你所认识的最善良的人，讨论一下吧。

你会参加什么样的慈善活动？为什么呢？

爷 爷 的
神 秘 代 码 (13)

回答下面的问题，将正确选项的字母填在第一页的相应位置，来破译代码吧。

据爷爷所说，我们做出善举时，谁会来到我们身边呢?（　　）

O. 红树鼠

I. 吞金鸟儿

V. 快乐精灵

第十四章
爷爷的高脚椅

创业

　　"在听我的创业计划之前，先看看我定制的这件 T 恤衫吧。"鲍里斯拉起了他的套头衫，向盖尔展示里面的 T 恤。

盖尔不敢相信自己的眼睛。这件 T 恤衫和她穿的那件简直一模一样。"我把你从小霸王变成了书呆子！"她说。两个人都哈哈大笑起来。

鲍里斯紧接着快速翻开笔记本，趁盖尔还没注意到他脸红，向盖尔展示他的计划。

第一页上写着：

鲍里斯和盖尔的
财富俱乐部网站

"我们应该创业，听完故事，要行动起来！我们可以创造出一些很酷的东西，比如电脑游戏、行动指南，甚至奖章。"鲍里斯说。

"鲍里斯，这个主意太棒了！啊，你的变化可真大。还记得我第一次见到你的时候吗？你正在猛踢我的花，还欺负人。而现在，你却在努力帮助别人！"盖尔说。

"我知道。遇到你之前，我从来没想过我能做什么好事。而听了你爷爷的故事以后，我觉得我也能像他一样，做些了不起的事情。"鲍里斯笑着说。

"我们能通过帮助别人学习理财知识赚到钱吗？"

盖尔问。

鲍里斯说："我敢肯定，父母都愿意花点钱，让自己的孩子在成长过程中开始学着理财。我爸妈就说过，他们很乐意花钱来学习你教给我的东西，更何况，这些知识对家长也有帮助。"

"太棒了。可你要知道，创业并不容易，我们必须非常努力。"盖尔说。

"我不怕。我愿意努力，当然，我们要像**快乐的汉娜**和你爷爷一样，动脑巧干！"鲍里斯说，"我会遵守**财富三大法则**，这样我就能拥有自己的财富森林，成为亿万富翁。"

在将这个创业想法付诸行动之前，他们得去跟爷爷谈谈，确保爷爷不介意他们把他的故事跟其他人分享。

"真的吗？我简直不敢相信，我真的要去见你**爷爷**了！"鲍里斯说，他努力控制情绪，让自己不那么激动。鲍里斯听了盖尔爷爷在普卡普卡岛上的种种冒险故事后，已经把他当作心目中的英雄。一想到要见他，他就有点紧张。

他们来到爷爷家，爷爷这时正在屋外看书。爷爷一见到盖尔，就站起来给了她一个大大的拥抱。"快坐，我去给你们拿点柠檬汁和蛋糕。奶奶很快就回来。"爷爷说。

盖尔向爷爷介绍鲍里斯，还告诉爷爷，她已经给鲍里斯讲了他在普卡普卡岛的所有冒险故事。然后，他们把自己的创业点子讲给爷爷听。

爷爷开心地听完了所有细节，说道："这听起来真是个好主意！这既能让你们创业赚钱，又能帮助别人。但你们在行动之前，听听我在普卡普卡岛的创业故事，怎么样？"

"**太好了**，请您快给我们讲讲！"鲍里斯兴奋地说。

鲍里斯简直不敢相信，他会听爷爷亲口讲自己的故事。

爷 爷 的 高 脚 椅

我在**普卡普卡岛**时，种出了许多不同种类的果子，并拿去市场上卖。

我可以通过卖果子赚钱，但我还是担心，如果再来一场大风暴，我可能就没有果子可卖了。我很想创造出一种东西，一年四季都可以售卖，即使风暴来袭也不用担心。我只是不知道该创造什么。

直到有一天，我请了一些朋友过来吃午餐。他们还带来了一个只有一岁大的小男孩。小男孩没地方可坐，结果就一直坐在妈妈的大腿上。

于是，我决定给岛上的孩子制作**高脚椅**。朋友们刚一走，我就开始动手制作。我做了许多高脚椅，因为我的森林可以提供大量木材。我兴奋极了，认为人们会争先恐后地购买，这样我就会比以前挣更多的钱。

遗憾的是，情况跟我想的完全不一样。

我在村里贴了一张海报，就等着大家来找我，为自己的孩子买高脚椅，可是**没有一个人来**。

我实在想不通，他们为什么不来买呢？

我想一定是海报出了问题。我花了好久，将海报制作得五彩缤纷，还配了一张好看的高脚椅照片。然而，还是没有一个人来。

我到村里的面包店去看我的朋友面包师比尔。他看出我很沮丧。于是，我就把高脚椅和海报的事情都告诉了他。

"我看到你的海报了，制作得很漂亮。但你看看那边的角落，我们已经有 3 把高脚椅了，不需要再买了。"
面包师比尔说。

"**什么？**你怎么会有高脚椅呢？"我问道。

比尔告诉我，巧手多丽丝一直在制作高脚椅，而且
已经卖了很多年，价格也比我的便宜多了。

我惊讶极了，我从没看到过巧手多丽丝出售高脚椅
的海报。原来，她只在村里的学校附近张贴海报，所有
需要高脚椅的家长都能看到。我没看到海报是因为我根
本没去过学校附近。我竟然没发现其他人也在制作同样
的东西，而且价格更便宜。

起初，我想我可以比巧手多丽丝卖得更便宜，或
者确保高脚椅的质量更好。这是我唯一能让人们购买我
的**高脚椅**的方法。可我发现，巧手多丽丝的高脚椅质量
很棒，而且她卖高脚椅赚不到多少钱。这就表示，我卖
高脚椅也赚不了多少钱，尤其是当我以更低的价格出
售时。

我十分沮丧，我现在有一屋子高脚椅，却一把都卖
不出去。

我回到家，又开始摘果子。看来我只能靠卖水果、
鸡蛋和牛奶赚钱。

我摘果子的时候发现，有些果子长在很高的地方。为此，我经常要爬上树去摘。但这次我抓过一把高脚椅，站在了上面。高脚椅有些**摇摇晃晃**，于是我就在上面加了几根木条，确保我站在上面时椅子不会倒。

现在，我不用爬上树，就能摘到更多的果子。这下，我的工作更轻松了。我站在高脚椅上时，南希从我

旁边经过，她问我脚下的是什么。我告诉她，那是用几根木条加固的高脚椅。南希说："我真该弄一个，我最讨厌爬树去摘高处的果子。"

我抓过一把高脚椅、几根木条和我的锤子。

咚咚咚！当当当！咣咣咣！

我又加了几根木条，把改造后的高脚椅送给了南希。

第二天，人们在我家门前排起长队，都要买改造后的高脚椅。南希已经把高脚椅的事告诉了所有人。他们都愿意花钱买一把改造后的高脚椅，因为这会让他们的生活变得更轻松。

就这样我开始了一项新生意：出售**摘果梯**。我没有把海报张贴在村子中心，而是贴在了有果农的地方。很快，我就开始制作各种形状和大小的"摘果梯"。

盖 尔 和 鲍 里 斯 开 始 创 业

"爷爷，太感谢您了！"盖尔说。

盖尔和鲍里斯离开爷爷家，着手筹备他们的新生意。"我们得确保真的从爷爷的故事中学到了经验。"盖尔说。

"你说得没错。我们得先知道人们会不会买我们提供的东西，还要把海报贴在合适的地方。"鲍里斯接着说。

在与爷爷见面后的几星期里，鲍里斯和盖尔做了大量的**调查**。

他们发现，同类网站有游戏和行动指南的并不多。利用游戏和行动指南，能够帮助孩子们行动起来，用自己的钱种植属于自己的"**财富森林**"。

他们还发现，很多父母愿意花钱让孩子学习理财，因为大多数学校并不教授这方面的知识。他们打算先从身边的同学和朋友入手。

鲍里斯和盖尔忙了好几星期。他们有搞不懂的地方，就去问父母和朋友。父母如果也不知道答案，就会说："让我们一起寻找答案吧！"然后，便坐下来和他们一起上网查找。

"让我们来确定一下，爷爷教给我们的所有要点都没有遗漏。"盖尔说。

"有钱和富有之间的区别？""**有。**"

"确保所有的孩子都明白他们可以变得富有？""**有。**"

"帮助孩子们自己创业？""**有。**"

"财富三大法则：

"1. 每得到 10 颗种子就存下 1 颗。

"2. 种下你储存的种子。

"3. 让你的树慢慢生长。"

"有。"

"让孩子们有做慈善的想法?""……**有。**"

鲍里斯和盖尔兴奋极了。"一切准备就绪。我们现在可以按下启动键吗?"鲍里斯问道。

"启动!" 盖尔说。

"收到……

"财富俱乐部网站(WWW.FORTUNE–CLUB.CO.UK)……正式上线!"鲍里斯说。

"我希望孩子们喜欢这个网站，我们能帮助他们变得像你爷爷一样善于理财。每个人都应该拥有属于自己的'财富森林'!"

爷爷说:"要永远牢记……"

如果你真的决定创业,
从小事做起,学会解决问题,
而且要有耐心

重点

敲黑板

跟你的父母、同学、朋友以及……

我真的想不出其他人了,讨论一下吧!

现在,你已经读完了这本书,你打算用你的钱做些什么呢?

爷爷的
神秘代码 (14)

你现在应该已经集齐了破译代码的所有字母。快去鲍里斯和盖尔的新网站（www. fortune-club. co. uk）看看，输入代码，利用游戏和行动指南来让自己变得富有吧！

最后的温馨提示：

每当有钱的时候，
你都应该问问自己：
杰克爷爷会怎么做呢？

另外，你知道吗？你刚刚读完了一本书。

你真棒！

完结

感谢阅读!

财 富 知 识 小 课 堂

资产： 能让你收到回报、钱包鼓鼓的东西。请将资产想象成一棵会产种子的树。用于"投资"的钱就是一种资产。

做慈善： 你花金钱（或时间）去帮助那些需要帮助的人。

负债： 当你借钱买现在还买不起的东西时，你需要偿还比你借的还要多的钱。就像阔浣熊向信用树先生借种子，随着红树的生长，他必须归还更多的种子。

创业者： 自己做生意赚钱的人。盖尔就是一位创业者，她制作花瓣画，卖给自己的朋友。

赌博： 试图靠运气赚钱。爷爷说，永远不要妄想靠运气致富，这很有可能最终让你变得更穷。

投资： 将钱投入一家或许多家公司中，获得它们一小部分的股权，并从中获利。

债务： 你在买下某样东西后，还得继续为它花钱。小个子蒂娜认为她的紫树（也是她的房子）是资产，但这其实是一种债务，因为住在紫树上，还要继续花费种子，就像现在人们分期付款买房一样。

耐心： 为了获得回报，必须学会等待。如果想变得富有，你就必须有耐心。

有钱： 有钱的人比富有的人往往赚得多，花得也多。故事的开头，阔浣熊就很有钱，直到他花光所有金子，再也找不到金子为止。

骗局： 有人设法让你上当，骗取你的钱财时，你就掉入了骗局。就像铁铲萨姆骗杰克爷爷一样，铁铲萨姆让爷爷相信普卡普卡岛上遍地黄金，而目的就是让爷爷买他的铁铲。

股票市场： 人们进行投资（买卖股票）的场所。

税： 政府收取你的一点钱，用来建学校、医院和修路，或做一些其他有益于社会的事情。杰克爷爷把税叫作吞金鸟儿。

富有： 你有钱并懂得理财，这样财富就会随着时间不断增值。爷爷是富有的人，即使他躺在家里睡大觉，财富也会不断增加。

作 者 寄 语

作为一个屡次获奖的精算师，我有近 20 年的时间都在为国际大客户提供投资建议。但是我一直都想为孩子们（同时也为家长们）写一本故事书。我为什么会有这种想法呢？

几年前，我和妻子决定在两个女儿还小的时候，尽可能多陪伴她们。正如她们所说，"她们的成长过程只有一次。"因此，在她们一个 4 岁，一个 6 岁的时候，我们决定暂停全职工作几年，将这种想法变为现实。我们非常庆幸拥有能将这种想法变为现实的财务自由。

我和妻子能有这样的好运气，是因为我们的父母从小就教我们理财。这意味着多年来，我们一直在存钱并进行投资。所以，我们存下的钱不断增值，即使在我们睡觉时，也不会停止。

于是，我渐渐明白，从小就在金钱方面做出正确的选择是多么重要。所以，我想把女儿从小就听我讲的理财故事分享给大家。我希望所有孩子长大后都会理财，像我们家一样享有财务自由。

我希望所有的孩子在看完或听家长读完这本书后，都能在成长的过程中进行理财，并采取行动，学会用简单的办法，变得富有，实现财务自由。

这本书不仅仅是给孩子们看的。我希望每个读过这本书的人——父母、祖父母和其他照看孩子的人，都能对金钱有新的认识。理财，让财富增值，永远都不算晚。

威尔·雷尼

爷 爷 的
财 富 代 码

save your money